ZEITSCHRIFT FÜR ANGEWANDTE GEOLOGIE

HERAUSGEGEBEN VON
DER STAATLICHEN GEOLOGISCHEN KOMMISSION
UND DER ZENTRALEN VORRATSKOMMISSION
DER DEUTSCHEN DEMOKRATISCHEN REPUBLIK

AUS DEM INHALT

BAND 4 / HEFT 4
APRIL 1958
SEITE 145–196

AKADEMIE-VERLAG · BERLIN

INHALT

Die ZEITSCHRIFT FÜR ANGEWANDTE GEOLOGIE berichtet ständig ausführlich über folgende Arbeitsgebiete: Geologische Grundlagenforschung und Lagerstättenforschung / Methodik der geologischen Erkundung / Ökonomie und Planung der geologischen Erkundung / Technik der geologischen Erkundung / Geologie und Lagerstättenkunde im Ausland / Bibliographie, Verordnungen, Richtlinien, Konferenzen, Personalnachrichten

Die ZEITSCHRIFT FÜR ANGEWANDTE GEOLOGIE ist kein Organ einer engen Fachgruppe. Auf ihren Seiten können alle strittigen Fragen der praktischen Geologie behandelt werden. Die Autoren übernehmen für ihr Aufsätze die übliche Verantwortung.

Herausgeber: Staatliche Geologische Kommission und Zentrale Vorratskommission für mineralische Rohstoffe der Deutschen Demokratischen Republik. Chefredakteur: Prof. Dr. Erich Lange, Berlin. Redaktion: Berlin N 4, Invalidenstraße 44. Verlag: Akademie-Verlag GmbH, Berlin W 8, Mohrenstraße 39 (Fernsprecher 200386, Postscheckkonto: Berlin 35021). Bestell- und Verlagsnummer des Heftes: 1047/4/4. Die „Zeitschrift für angewandte Geologie" erscheint monatlich. Bezugspreis 2,– DM je Heft, Doppelheft 4,–DM. – Satz und Druck: Druckhaus „Maxim Gorki", Altenburg. Veröffentlicht unter der Lizenznummer ZLN 5008 des Ministeriums für Kultur, Hauptverwaltung Verlagswesen. Karten: MdI. der DDR Nr. 3871, 3913, 3999 / K 11. Printed in Germany.

ZEITSCHRIFT FÜR ANGEWANDTE GEOLOGIE

CHEFREDAKTEUR: PROF. DR. E. LANGE

BAND 4 · APRIL 1958 · HEFT 4

Aufruf der Konferenz der asiatisch-afrikanischen Völker an die Gelehrten der ganzen Welt Kairo, Dezember 1957

Wissenschaftler der ganzen Welt!

Die Solidaritätskonferenz der asiatisch-afrikanischen Länder richtet sich an Euch, die Ihr besser als alle anderen die wirkliche vernichtende Kraft der schrecklichen Atomwaffen kennt und die Ihr ausgezeichnet versteht, welchen Leiden die Menschheit in einem Atomkrieg ausgesetzt ist.

Die Gefahr der Anwendung von Atomwaffen in einem neuen Krieg wird die Welt unbedingt in eine allgemeine Katastrophe führen. Das verpflichtet Euch als Erbauer der Zukunft, mit allen zur Verfügung stehenden Mitteln diese Katastrophe zu verhindern.

Die in Kairo auf dieser Konferenz versammelten Vertreter der Völker Asiens und Afrikas wenden sich gerade darum an das Gewissen der ganzen Welt und an Euch, die Ihr die Verantwortung für die Erfindung dieser Vernichtungswaffe tragt, mit dem Aufruf, jegliche Schritte zu unternehmen, um auf die Regierungen aller jener Länder Einfluß zu nehmen, die es betrifft, damit die Anwendung der Atomwaffen verboten wird und die Vorräte dieser Waffen vernichtet werden.

Mögen die Wissenschaftler der ganzen Welt nicht in der Erfindung neuer Massenvernichtungswaffen wetteifern, sondern in der Entdeckung der Naturgeheimnisse und in neuen Erfindungen, die dem Fortschritt der Nationen und Völker dienen.

Die Aussichten der Erkundung von Eisenerzlagerstätten im Vesulien von Łęczyca[1]

JERZY ZNOSKO, Warschau

I. Der allgemeine geologische Bau des Lagerstättengebietes

Das Lagerstättengebiet liegt im Bereich der asymmetrischen Antiklinale von Klodawa—Łęczyca, die ein Teil des kujavischen Antiklinoriums bildet.

Im Kern der Antiklinale treten Bildungen des Zechstein-Salinars auf, die von Lias-Schichten überlagert, sich fast bis nach Siedlec erstrecken und dort abtauchen. Über den Lias-Sedimenten lagern Schichten des Doggers und des Malms, die eisenerzführende Horizonte enthalten. Während die Westflanke der Antiklinale stark gestört ist, fällt die Ostflanke flach ein. Der hier auftretende Weiße Jura erstreckt sich bis hinter Kutno. Die tektonisch gestörte Westflanke ist schräger gestellt, so daß für das vom Malm eingenommene Gebiet weniger Raum bleibt.

Die Antiklinalachse weist Biegungen und Krümmungen auf. Dadurch haben sich querstreichende Erhebungen und Vertiefungen gebildet (und zwar auffällig häufig im Raum von Łęczyca).

Die Ablagerungen des Lias, Dogger und Malm sind im Bereich der Antiklinale Klodawa—Łęczyca in voller stratigraphischer Ausbildung entwickelt.

Die Erzhorizonte des Dogger von Łęczyca liegen in den Ablagerungen des Vesulien, vor allem im *Parkinsonia feruginea*-Horizont.

II. Das stratigraphische Profil und die Ausbildung des Doggers

Auf einem ungefähr 900 m mächtigen Komplex von Lias-Ablagerungen liegen die Doggersedimente von Łęczyca. Sie beginnen mit den Bildungen des Aalenien von ungefähr 90—100 m Mächtigkeit und den darüberliegenden Sandsteinen des Bajocien, die dem Koscielisko-Sandstein im Jura von Częstochowa entsprechen. Ihre Mächtigkeit beträgt 60—80 m.

Das Unter-Vesulien ist etwa 80 m mächtig, es besteht aus Tonschiefern und Sandsteinen und führt in den Horizonten mit *Strenoceras subfurkatum* und *Sugarantiana tetragona* unbedeutende Sideritsandstein-Einlagerungen.

Das etwa 140 m mächtige Mittel-Vesulien setzt mit dunkelgrauen kalkfreien Schlammschiefern[2]) ein, die oft Fukoiden führen. Nach oben zu gehen die Schichten in Tonstein über. In diesen 16—30 m mächtigen Sedimenten, die dem *Parkinsonia subarietis*-Horizont angehören, treten zwei absetzige Flöze mit sandigem Siderit auf.

Über den Schlammschiefern steht ein massiver etwa 70 m mächtiger Tonschieferkomplex an, der zum *Parkinsonia parkinsoni*-Horizont gehört. Hinsichtlich ihrer lithologischen Ausbildung lassen die Sedimente dieses Horizontes drei sich deutlich unterscheidende Bänke erkennen, eine untere schlammig-tonige, eine mittlere tonig-schiefrige und eine obere sandig-tonige Bank. In der unteren und der oberen Bank des Horizontes haben sich bedeutende Mengen an Siderit und Sphärosiderit akkumuliert.

Im Liegenden dieses Horizontes tritt ein dunkelbraunes toniges Siderit-Flöz auf. Seine Mächtigkeit schwankt zwischen 0,10 bis 0,35 m. Vier Meter über diesem liegt ein zweites Sideritflöz desselben Typs von 0,08 bis 0,30 m Mächtigkeit und ungefähr 8—10 m darüber noch ein drittes Siderit-Flöz von 0,10 bis 0,16 m Mächtigkeit.

Außerdem kommen in der gesamten Tonschieferserie zahlreiche 0,03 bis 0,23 m große Siderit- und Sphärosiderit-Konkretionen vor.

Das Mittel-Vesulien schließt mit einer Serie wechsellagernder Schlammschiefer und Sandsteine, die dem Horizont mit *Parkinsonia schloenbachi* angehören, ab. Ihre Mächtigkeit schwankt zwischen 35 und 60 m. Innerhalb dieses Horizontes treten oft Siderit-Zwischenlagen und häufig auch Sideritmuschelstein-Zwischenlagen in wechselnder Anzahl besonders in der oberen Hälfte des Horizontes auf.

Im südlichen Antiklinal-Gebiet beginnen die Ablagerungen des Ober-Vesulien im *Parkinsonia feruginea*-Horizont mit dem Muschelflöz „a", einem sideritischen Muschelstein mit tonigen Muschelstein-Einlagerungen. Es ist oft konglomeratisch ausgebildet. Dieser Muschelstein besteht aus äußerst reichem Schalendetritus, mit tonigem oder sideritischem Bindemittel. Neben Serpulenschalen treten hauptsächlich Schalen von Austern und Pseudomonotis auf. Die Mächtigkeit des Liegend-Muschelsteins im südlichen Teil des Gebiets beträgt 0,02 bis 0,90 m.

Im nördlichen Teil der Antiklinale kommt oberhalb der Schlammschiefer und Sandsteine des Horizontes *Parkinsonia schloenbachi* ein von 0,70 bis 2,70 m mächtiges Paket schwarzer Tonschiefer und erst darüber das Muschelsteinflöz „a" vor, dessen Mächtigkeit hier zwischen 0,50 bis 1,30 m schwankt. Sein besonderes Merkmal ist hier das Übergewicht von sideritischem gegenüber dem tonigen Muschelstein.

Über dem Liegend-Muschelsteinflöz „a" tritt ein schwarzer Tonschiefer auf, der eine geringmächtige Schicht tonigen und sideritischen Muschelsteins einschließt. Die Mächtigkeit schwankt zwischen 0,05 bis 0,32 m.

Über dem Tonschiefer tritt das dritte Muschelsteinflöz „c" auf. Dieses Flöz ist besonders an einer größeren Anzahl Zwischenschichten mit Siderit-Muschelstein erkenntlich. Die Mächtigkeit des Muschelsteinflözes „c" schwankt zwischen 0,51 bis 3,43 m, besitzt jedoch überwiegend eine Mächtigkeit von 1,30 bis 2,15 m.

Über dem Muschelsteinflöz „c" liegt ein zweites Paket trennender Schiefer mit reicher Fauna. Diese zweiten trennenden Schiefer enthalten Schichten tonigen Siderits, der stellenweise in Muschelsteinsiderit übergeht. Sie wurden als „d"- und „e"-Schichten bezeichnet. Ihre Stärke schwankt zwischen 0,05 bis 0,30 m. Die Mächtigkeit des zweiten Tonschieferpaketes schwankt zwischen 1,5 bis 3,4 m.

Der Muschelstein des Flözes „c" sowie das Tonschieferpaket, das die Flöze „d" und „e" enthält, besitzt eine sehr reiche Fauna, die hauptsächlich aus Muscheln und Ammoniten zusammengesetzt ist. Das zweite Tonschieferpaket ist von einem beständigen Sideritflöz „f" überlagert, das als obere Grenze des *Parkinsonia feruginea*-Horizontes anerkannt wurde.

[1]) Gekürzte Wiedergabe aus: Przeglad Geologiczny Nr. 1/1957, Seite 26—30.
[2]) Die Bezeichnung „Schlammschiefer" entspricht der wörtlichen Übersetzung, vermutlich sind Bitumenschiefer gemeint.

Die Stärke des Sideritflözes „f" schwankt zwischen 0,13 bis 0,27 m.

Die Mächtigkeit der Ablagerungen des gesamten *Parkinsonia feruginea*-Horizontes schwankt im südlichen Antiklinalteil zwischen 5 bis 7 m, im nördlichen Teil zwischen 7 bis 9 m. Die Mächtigkeit weist eine allmähliche Zunahme von Süden nach Norden auf.

Der obere Abschnitt des Ober-Vesulien (Horizont *Parkinsonia compressa*) ist als schwarzer Tonschiefer mit Sideritflözen ausgebildet. Die Mächtigkeit des Tonschiefers schwankt von 11—18 m.

Die Bildungen des unteren Bathonien beginnen mit einer Serie kreuzgeschichteter Dolomitensandsteine, Sideritsandsteine, sideritisch-dolomitischer Sandsteine, Schlammschiefer und Muschelsteine.

In dieser Gesteinsserie treten auffällig häufig Spuren der Tätigkeit gesteinsbohrender und zerstörender Organismen auf, oft sind die Gerölle von bohrenden Organismen sogar ausgehöhlt. Im südlichen Teil der Antiklinale treten als fazielles Synonym für diese Serie mit gesteinsbohrenden Organismen hauptsächlich toniger Muschelstein, sandiger Tonstein und Einlagen muschelhaltiger Dolomit- und Sideritsandsteine auf. Die Mächtigkeit der Bohrmuschelserie schwankt zwischen 2 bis 5 m.

Oberhalb der Bohrmuschelserie tritt ein 5 bis 9 m mächtiger Komplex schwarzer, tonig-sandiger Schiefer sowie eine untere Serie schwarzer oder schwarzgrauer, tonig-sandiger Schlammschiefer mit Muskovit auf. Die Bohrmuschelserie, die tonig-sandigen Schiefer und die unteren Schlammschiefer bilden zusammen die Ablagerungen des unteren Bathonien, dessen Mächtigkeit zwischen 15 und 27 m schwankt (Horizont des *Perisphinctes tenuiplicatus*).

Das Mittlere Bathonien ist vertreten durch den unteren Sandstein sowie den Sandstein-Schlammschiefer des *Morrisiceras morrisi*-Horizontes und den mittleren Sandstein des *Cadomites aff. deslongchampsi*-Horizontes.

Der untere Sandstein ist mürbe, grob- bis mittelkörnig und schwach porös. Er enthält Gallen. Als Bindemittel kommt stellenweise Kaolin vor. Die Mächtigkeit dieser Sandsteine schwankt zwischen 12 bis 20 m.

Der untere Sandstein wird von einer Wechsellagerung von Sandsteinen und Schlammschiefern überlagert. Im Norden überwiegen die Schlammschiefer, im Süden die Sandsteine, die besonders hier muschelhaltige, stark kavernöse, konglomeratische, sandige Siderite führen können.

Die Mächtigkeit dieser Sandstein-Schlammschieferfolge schwankt zwischen 12 bis 22 m.

Die Mächtigkeit der mittleren Sandsteinfolge, die eine ähnliche Ausbildung wie der untere Sandstein aufweist, beträgt 20 bis 30 m.

Die Ablagerungen des Oberen Bathonien beginnen mit den mittleren tonig-sandigen Schlammschiefern des *Paroectraustes heterocostatus*-Horizontes in einer Mächtigkeit von 5 bis 14 m. Sie zeichnen sich durch ein stengliges Gefüge aus und enthalten Tongallen. Im südlichen Teil der Antiklinale treten in dieser Abfolge zwei Einlagen eines kavernösen, muschelhaltigen, stark sandigen Siderits auf.

Der *Paroectraustes paradoxus*-Horizont des Oberen Bathonien wird im Norden von fein- und mittelkörnigem Sandstein gebildet; im Süden ist er grobkörniger, weiß, grau, gelblich, leicht zerreibbar und porös. Auch er enthält tonige Beimengungen. Seine Mächtigkeit beträgt 16 bis 28 m. Die Bildungen des Oberen Bathonien werden von dem oberen Schlammschiefer des 10 bis 27 m mächtigen *Clydoniceras discus*-Horizontes abgeschlossen. Es sind schwarze oder schwarzgraue, muskovithaltige Schiefer mit stengligem Gefüge. In den Randpartien treten in den Schlammschiefern Einlagerungen von Chloritsandsteinen auf, die oft Brauneisenoolithe führen.

Die Bildungen des Callovien beginnen mit den Dolomiten des *Macrocephalites typicus*-Horizontes. Für diese Dolomite sind die Einlagerungen von verwitterten, weißen Feuersteinen typisch.

Der Horizont mit *Kepplerites calloviensis* des unteren Callovien ist als glaukonitische Sandstein- und Dolomitschicht ausgebildet. Das obere Callovien ist durch eine bis zu 0,53 m mächtige, in der geologischen Literatur vielmals beschriebene Knollenschicht vertreten.

Die Juraschichten werden durch mergelige und kalkige Sedimente des Weißen Jura abgeschlossen.

III. Die Parallelisierung des Doggers von Łęczyca mit dem von Częstochowa (s. Einschlagtafel zwischen S. 148 u. 149)

Bei der Gegenüberstellung der Profile des Doggers von Łęczyca und dem von Częstochowa zeigt sich, daß bei fast gleichartiger oder zumindest sehr ähnlicher fazieller Ausbildung die Mächtigkeit des Doggers von Łęczyca mehr als das Zweifache des Doggers von Częstochowa beträgt. Der Dogger von Łęczyca hat eine Mächtigkeit von 480 bis 600 m und der von Częstochowa nur 180 bis 230 m.

Die wesentlichsten Unterschiede zwischen den beiden Doggerprofilen treten in der unteren Hälfte auf, die die Ablagerungen des Aalenien, Bajocien, des unteren und mittleren Vesulien umfassen. Im Gebiet des Doggers von Łęczyca fand ein sehr intensiver Sedimentationsvorgang statt, im Gegensatz zum Dogger von Częstochowa, wo er bedeutend schwächer gewesen sein muß. Vom oberen Vesulien ab war die Geschwindigkeit und die Art des Sedimentationsvorganges in beiden Gebieten ausgeglichener.

Die Sedimentationsgeschwindigkeit des klastischen Materials beeinflußte natürlich die Entwicklung der Sideritsedimentation. Im Gebiet des Częstochowaer Juras konnte infolge minimaler Zufuhr an klastischem Material eine ziemlich intensive Sideritsedimentation im unteren Brauneisenhorizont stattfinden.

Die Sedimente des unteren Vesulien und des *Parkinsonia subarrietis*-Horizontes im mittleren Vesulien, in welchem der Liegend-Erzhorizont auftritt, haben hier nur eine Mächtigkeit von kaum fünf Metern. Infolge der sehr geringen Sedimentation von klastischem Material konnten sich während dieser Zeit im Częstochowaer Jura Sideritflöze von industriellem Werte ausbilden, während im unteren Vesulien des Juras von Łęczyca eine Sideritanhäufung von industriellem Werte bei einer starken Abscheidung von klastischen Sedimenten nicht stattfinden konnte.

Ein Vergleich beider Teile des Doggerbeckens zeigt, daß sich während der Zeit des Aaleniens, Bajociens und untern Vesuliens das Częstochowaer Gebiet durch eine langsame Sedimentation und vielleicht auch durch ein flacheres Becken ausgezeichnet hat, dagegen war im Łęczyca-Gebiet die Sedimentationsgeschwindigkeit bedeutend größer und das Becken wahrscheinlich tiefer. Vielleicht ist auch folgende Deutung möglich. Das ganze Becken war verhältnismäßig flach, nur erfolgte im Gebiet von Łęczyca eine langsame, aber ziemlich beständige Senkung und in deren Gefolge eine stärkere Akkumulation von Sedimenten. Diese Sedimentationsdifferenzierung ermöglichte im Gebiet von Częstochowa die Bildung des Liegend-Erzflözes. Im mittleren Vesulien gleichen die Sedimentationsbedingungen sich fast aus, und die Geschwindigkeit und die Art des Sedimentationsvorganges sind in beiden Gebieten fast gleichartig. Im oberen Vesulien findet in beiden Gebieten die Ausbildung des oberen Erzhorizontes mit örtlichen faziellen Unterschieden statt. Es bildet sich im Częstochowaer Gebiet das Oolithflöz, im Łęczyca-Gebiet das Muschelsteinflöz. Die Sedimentationsentwicklung beider Gebiete im Bathonien und Callovien weist auf gleichartige fazielle Entwicklungsbedingungen und völlig gleiche Sedimentationsgeschwindigkeiten hin.

IV. Die Aussichten beim Aufsuchen von Eisenerz im Dogger von Łęczyca

Die Bildung von Eisenerzlagerstätten in Sedimenten hängt von sehr vielen Faktoren ab. Unter ihnen sind von grundsätzlicher Bedeutung: die Entfernung des Lagerstättenbildungsraumes vom Meeresrande, die physikalisch-chemischen Verhältnisse des Sedimentationsbeckens, die Menge der zugeführten Eisenverbindungen, die unter günstigen Bedingungen eine Eisenerzlagerstätte von industriellem Wert bilden könnten, die Wasserbewegung im Becken und schließlich die Menge des gleichzeitig abgeschiedenen klastischen Materials.

Die Eisenkonzentration auf der Lagerstätte hängt von der Faziesausbildung und der Entfernung vom Meeresrand ab. In Randnähe ist die Eisenmenge am größten, und in Richtung des offenen Meeres, also mit zunehmender Entfernung vom Rande, erfährt sie eine allmähliche Verringerung. Jedoch ist in den Randpartien der Eisengehalt relativ gering, weil das Erz durch große Mengen klastischen Materials verunreinigt ist. Die weiter vom Rande entfernteren Lagerstättenteile weisen einen relativ höheren Eisengehalt auf, weil sich hier die Menge des klastischen Materials ziemlich schnell verringert. In einer gewissen Entfernung vom Rande, im allgemeinen an der Grenze zwischen der sandigen und tonigen Fazies, sind unter günstigen physikalisch-chemischen Verhältnissen optimale Bedingungen für eine Eisenkonzentration gegeben. In den weiteren Partien des Meeres, im Raum der Tonfazies, verringert sich die Eisenmenge, so daß eine industriell verwertbare Konzentration nicht stattfinden kann — außer bei veränderten Sedimentationsbedingungen (z. B. Ausspülen und Akkumulieren von Sphärosideriten).

Im Falle der Lagerstätte von Łęczyca muß die optimale Zone für die Eisenanreicherung gleichzeitig das Gebiet der maximalen Akkumulation des calcitischen Faunendetritus sein.

Die im Raum von Łęczyca durchzuführenden Untersuchungen müßten vor allem klären, wo sich die Zonen optimaler Bedingungen der Ausbildung einer Lagerstätte befinden. Zur Klärung dieses Problems muß man eine Analyse der Sedimentationsbedingungen und der Paläogeographie durchführen.

Um den Verlauf der Randlinie feststellen zu können, ist das Verbreitungsgebiet der konglomeratischen Fazies des Muschelsteinflözes „a", die Mächtigkeit der Muschelflöze „a" und „c" und schließlich zusätzlich der Bereich der Oolithfazies in den oberen Schlammschiefern des *Clydoniceras discus*-Horizontes festzustellen.

Was die Verbreitung der konglomeratischen Fazies des Flözes „a" anbetrifft, ist zu beachten, daß die Entfernung vom Rande einen grundsätzlichen Einfluß auf ihre Erstreckung in Richtung des offenen Meeres ausübt, das Relief des Meeresbodens dagegen ein zweitrangiger Faktor für ihre Ausbildung ist.

Analysiert man das Muschelflöz „a" (s. Abb. 1) auf Grund der Ergebnisse der einzelnen Bohrungen, so müssen wir feststellen, daß in einem bestimmten Gebiet im südöstlichen Teil der Antiklinale das Muschelflöz „a" überhaupt nicht vorhanden ist. Sein Fehlen wurde wahrscheinlich durch die Randnähe, durch die bedeutende Verflachung und damit in Zusammenhang stehend durch die starke Erosionstätigkeit des Wassers verursacht. In dem durchgespülten Sediment konnte sich kein faunistischer Detritus anhäufen. Das erodierende Wasser hat die vorher ausgeschiedenen Sedimente mitgenommen, sortiert und in tiefere Partien des Beckens verfrachtet. Dort fand dann eine Akkumulation des faunistischen Detritus und seine Zementierung mit Eisenkarbonat statt.

Im südlichen und südöstlichen Teil der Antiklinale ist die Mächtigkeit des Flözes „a" relativ gering und überschreitet nur selten 0,5 m. Im westlichen, nordwestlichen und südwestlichen Teil der Antiklinale ist in der Regel die Mächtigkeit des Flözes „a" stärker als 0,5 m und überschreitet nicht selten 1 m. Sehr ähnlich liegen die Verhältnisse der Mächtigkeitszunahme bei dem Muschelflöz „c". Dabei kann eine deutliche Zunahme der Mächtigkeit von Osten nach Westen und von Süden nach Norden festgestellt werden.

Im südlichen Teil der Antiklinale nähert sich die Reichweite der konglomeratischen Fazies im Flöz „a" stark dem tatsächlichen Ausgehenden der Erzserie. Im

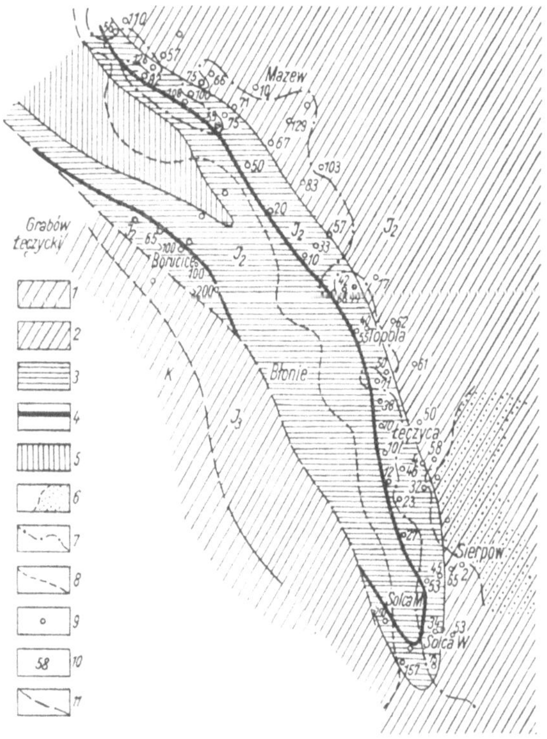

Abb. 1. Schematische geologische Karte des südlichen Teils der Antiklinale Klodawa—Łęczyca sowie der Verbreitung der Fazies „a"

1 – Kreide, *2* – Malm, *3* – Dogger, *4* – das Ausgehende der Erzserie, *5* – Lias, *6* – Fehlen des Muschelflözes „a", *7* – der Bereich der konglomeratischen Fazies des Flözes „a", *8* – die angenommene innere Grenze des eigentlichen Erzgebietes, *9* – Bohrungen, *10* – Mächtigkeit des Flözes „a" in cm, *11* – tektonische Störung

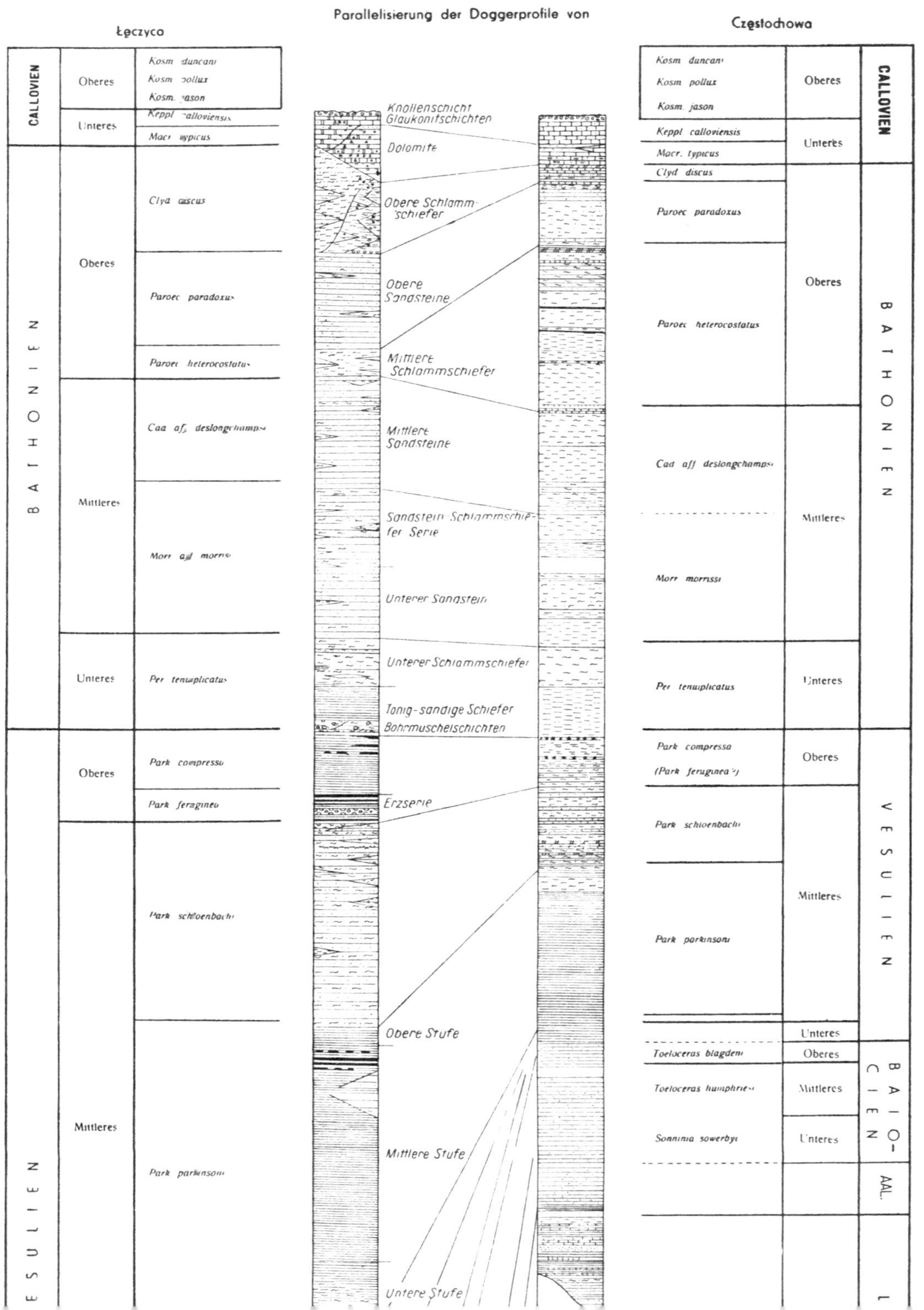
Parallelisierung der Doggerprofile von
Łęczyca
Częstochowa
CALLOVIEN
BATHONIEN
VESULIEN
BAIO-CIEN
AAL.
Oberes
Unteres
Mittleres
Kosm. duncani
Kosm. pollux
Kosm. jason
Keppl. calloviensis
Macr. typicus
Clyd. discus
Paroec. paradoxus
Paroec. heterocostatus
Cad. aff. deslongchampsi
Morr. aff. morrisi
Morr. morrisi
Per. tenuiplicatus
Park. compressa
(Park. ferruginea ?)
Park. ferrugineu
Park. schloenbachi
Park. parkinsoni
Toeloceras blagdeni
Toeloceras humphriesi
Sonninia sowerbyi
Knollenschicht
Glaukonitschichten
Dolomite
Obere Schlammschiefer
Obere Sandsteine
Mittlere Schlammschiefer
Mittlere Sandsteine
Sandstein-Schlammschiefer Serie
Unterer Sandstein
Unterer Schlammschiefer
Tonig-sandige Schiefer
Bohrmuschelschichten
Erzserie
Obere Stufe
Mittlere Stufe
Untere Stufe

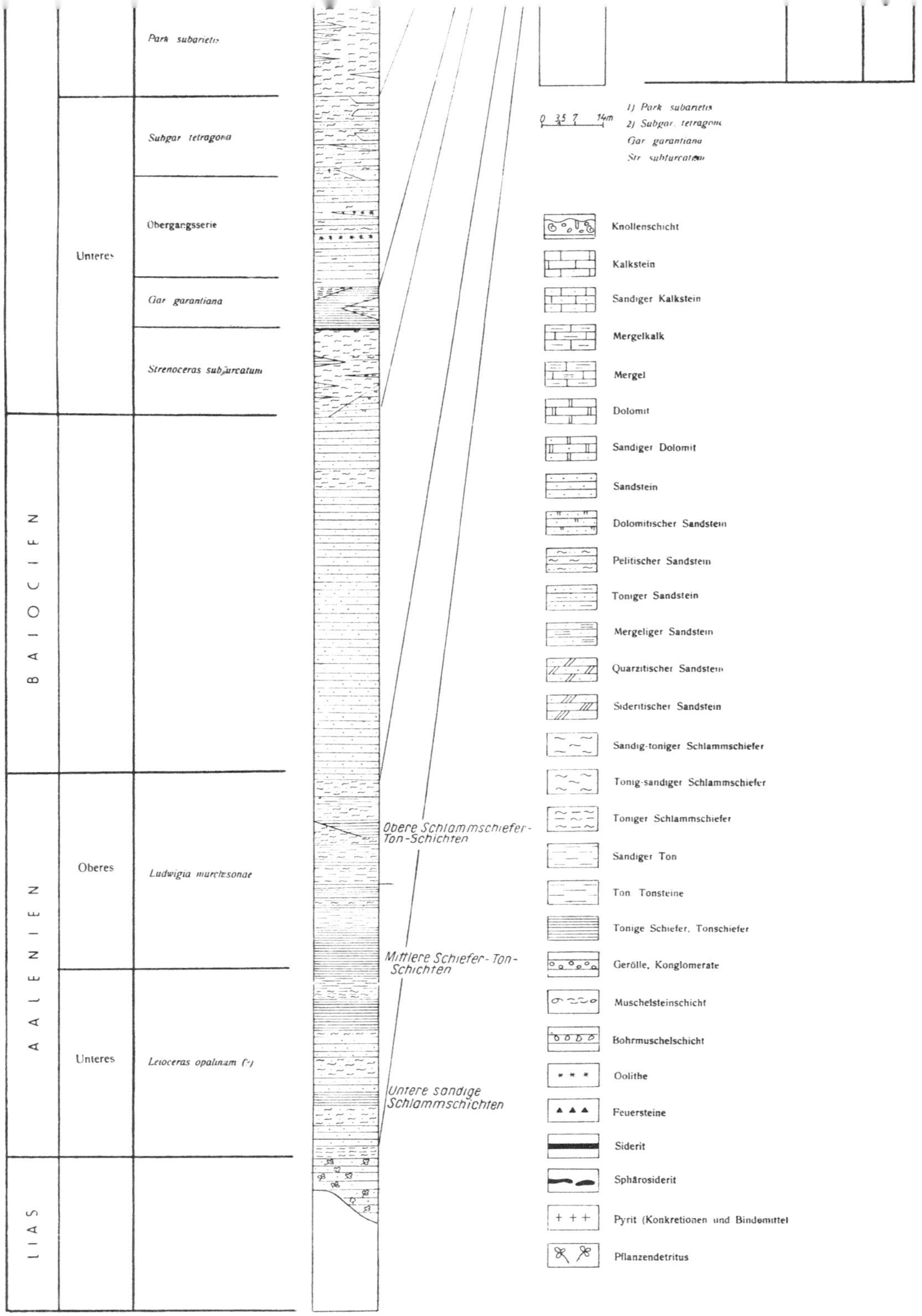
Park subarietis
Subgar tetragona
Obergangsserie
Gar garantiana
Strenoceras subfurcatum
Unteres
BAIOCIEN
Oberes
Ludwigia murchisonae
Unteres
Leioceras opalinum (?)
AALENIEN
LIAS
Obere Schlammschiefer-Ton-Schichten
Mittlere Schiefer-Ton-Schichten
Untere sandige Schlammschichten
0 3,5 7 14m
1) Park subarietis
2) Subgar. tetragona
Gar garantiana
Str subfurcatum
Knollenschicht
Kalkstein
Sandiger Kalkstein
Mergelkalk
Mergel
Dolomit
Sandiger Dolomit
Sandstein
Dolomitischer Sandstein
Pelitischer Sandstein
Toniger Sandstein
Mergeliger Sandstein
Quarzitischer Sandstein
Sideritischer Sandstein
Sandig-toniger Schlammschiefer
Tonig-sandiger Schlammschiefer
Toniger Schlammschiefer
Sandiger Ton
Ton, Tonsteine
Tonige Schiefer, Tonschiefer
Gerölle, Konglomerate
Muschelsteinschicht
Bohrmuschelschicht
Oolithe
Feuersteine
Siderit
Sphärosiderit
Pyrit (Konkretionen und Bindemittel
Pflanzendetritus

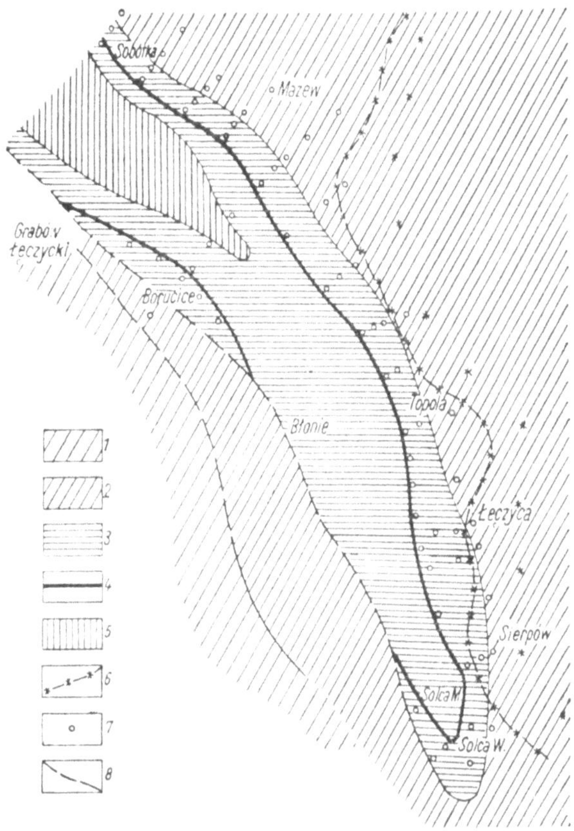

Abb. 2. Schematische geologische Karte des südlichen Teils der Antiklinale Klodawa—Łęczyca sowie des Verbreitungsgebietes der Oolith-Fazies im oberen Schlammschiefer

1 – Kreide, 2 – Malm, 3 – Dogger, 4 – Ausgehendes der Erzserie, 5 – Lias, 6 – Verbreitungsgebiet der Oolith-Fazies des oberen Schlammschiefers des *Clydoniceras discus*-Horizontes, 7 – Bohrungen, 8 – tektonische Störung

nördlichen Teil der Antiklinale ist eine deutliche Entfernung der Reichweite der konglomeratischen Fazies nach Osten hin und eine bedeutende Gebietserweiterung zwischen der Verbreitungslinie der konglomeratischen Fazies des Flözes ,,a" und dem tatsächlichen Ausgehenden der Erzserie zu beobachten.

Aus den Analysen über den Eisengehalt im Muschelstein des Flözes ,,a" und des Flözes ,,c" ist eine Zunahme des Eisengehalts von Süden nach Norden und von Osten nach Westen nachzuweisen.

Was den Verbreitungsbereich der Oolithfazies im oberen Schlammschiefer des *Clydoniceras discus*-Horizontes anbetrifft, ist darauf hinzuweisen, daß ihr Auftreten von nur relativer Bedeutung ist. Infolge ihres Altersunterschiedes gegenüber den Muschelsteinen kann sie nur indirekt bei der paläogeographischen Analyse und zur Rekonstruktion des Verlaufs der Randlinie benutzt werden. Das Verbreitungsgebiet der Oolithfazies ist in gewissem Maße eine Abbildung des Gebietsbereiches, in dem der Muschelflöz ,,a" nicht vorkommt. Ob das tatsächliche Auftreten der Oolithfazies das Ergebnis der Tätigkeit längs dem Rande oder vertikal zu ihm verlaufender Wasserströmungen ist, ist in diesem Zusammenhang unwichtig.

Auch das gemeinsame Wirken beider Tatsachen ist möglich. Jedenfalls ist die Oolithfazies in einer gewissen Entfernung vom Meeresrand entstanden.

Nach Analyse beider Tatsachen kommt man zu dem Ergebnis, daß sich der südöstliche Gebietsteil der Erzserie bedeutend näher dem damaligen Meeresrand befunden und sehr deutlich unter dessen Einfluß gestanden hat. Durch das Fehlen des Flözes und das Auftreten der konglomeratischen Fazies des Flözes wird diese Annahme bestätigt. Mit der Mächtigkeitszunahme des Muschelsteins im Flöz ,,a" und ,,c" von Süden nach Norden und von Osten nach Westen ist eine Zunahme des Eisengehalts in gleicher Richtung nachzuweisen. Das Verbreitungsgebiet der konglomeratischen und oolithischen Fazies gestattet die Folgerung, daß die günstigeren Bedingungen der Ausbildung von sideritischen Muschelsteinen, stärkerer Mächtigkeiten und höherer Eisengehalte auf der Westseite der Antiklinale von Klodawa—Łęscyca vorlagen (s. Abb. 2).

In der Gegend von Mazew ändert sich der Verlauf der Antiklinale von fast nördlicher nach nordwestlicher Richtung. Es ist möglich, daß die Gegend von Sobotka und Klodawa sich auf der Westseite der Linie befindet, welche die äußere Grenze des Gebietes mit günstigeren Bedingungen für die Lagerstättenbildung bezeichnet. Der Verlauf dieser Linie ist nicht durch die Richtung des Antiklinalverlaufes bedingt. Sie kann sich möglicherweise in der Gegend von Sobotka und Klodawa auf die Ostflanke der Antiklinale verschieben.

Die Erzlagerstätten des initialen Magmatismus

Nach BORCHERT & CISSARZ, referiert von THOMAS KAEMMEL und ERICH KNAUER

In der Arbeit: ,,Der initiale Magmatismus und die zugehörigen Lagerstätten". Neues Jahrbuch für Mineralogie, Abh. Bd. 91, Festband SCHNEIDERHÖHN, S. 541–572, Stuttgart 1957) hat BORCHERT einen sehr wesentlichen Beitrag zum geochemisch-geotektonischen Verständnis der mit dem initialen Magmatismus verbundenen Erzlagerstätten geleistet. Ebenfalls im Festband SCHNEIDERHÖHN hat CISSARZ seine jugoslawischen Untersuchungen zugänglich gemacht: ,,Lagerstätten des Geosynklinalvulkanismus in den Dinariden und ihre Bedeutung für die geosynklinale Lagerstättenbildung" S. 484–540. Beide Arbeiten sollen hier referiert werden. Das Gerüst des Referats bildet der Beitrag von BORCHERT, in den die detaillierten Darstellungen von CISSARZ eingebaut werden.

BORCHERT beginnt mit einer kurzen Charakterisierung des initialen Magmatismus. Der Grundcharakter des initialen Magmatismus ist basaltisch. Plutonische Glieder — Peridotite, Pyroxenite, Gabbros und Diorite — und vulkanische Glieder — Diabase, Melaphyre, Spilite, Keratophyre[1]) usw., sowie deren Tuffe — treten auf. Extrusiva und Instrusiva stehen vielfach in engem räumlichem und genetischem Zusammenhang. Das basaltische Magma fließt extrusiv auf den Meeresboden aus und bildet eine Hülle, in die spätere magmatische Nachschübe intrudieren und holokristallin als Tiefengestein erstarren (Abb. 1). Andere Tiefengesteine sind auf Unstetigkeitsflächen zwischen dem

[1]) Die von CISSARZ und BORCHERT verwendete petrographische Nomenklatur ist nicht einheitlich. In diesem Referat werden stets die in den Originalarbeiten benutzten Gesteinsbezeichnungen angegeben.

älteren Gebirge und den jungen Sedimenten der einsinkenden Geosynklinale intrudiert. Aufstiegsbahnen des Magmas sind tiefreichende Zerrungszonen der Geosynklinale, die häufig an Schwellenrändern liegen. In den Tiefengesteinen kommt es zur fraktionierten Kristallisation, die zur Ausbildung der oben erwähnten Gesteine führt. In den extrusiven Gliedern können sich die leichtflüchtigen Bestandteile anreichern (H_2O, H_2S, CO_2) und ein blasenreiches Gestein bilden, das vielfach autometamorph verändert ist: Albitisierung, Saussuritisierung, Skapolithisierung, Glaukophanisierung.

Die von den beiden Autoren angeführten Beispiele der Erzlagerstätten, die mit dem initialen Magmatismus verbunden sind, entstammen vor allem den Dinariden und den Tauriden. BORCHERT behandelt zuerst die liquidmagmatischen Chromerzlagerstätten. Derartige Lagerstätten liegen in mehr oder weniger serpentinisierten Ultrabasiten. Es lassen sich mehrere Erztypen unterscheiden:

1. Sprenkelerze

Wolkige Anhäufungen isolierter Chromitkristalle, die Zwickel zwischen Olivinen und rhombischen Pyroxenen füllen.

2. Schlieren- und Banderze

Stromatitische Erze. Es wechseln Chromitlagen mit Peridotit- und Dunitlagen.

3. Flecken- und Kugelerze

Innerhalb der Ultrabasite liegen Erzkugeln von 5–15 cm Durchmesser. Als Sonderfall dieses Typus bilden sich Kokardenerze mit schaliger Chromit-Olivin-Struktur.

4. Chromitderberzkörper.

Sie sind konkordant oder diskordant zur Textur der Ultrabasite eingelagert.

Die aufgezählten Erztypen folgen einander vom Hangenden zum Liegenden des ultrabasischen Körpers. Die verbreitete Serpentinisierung ist nach BORCHERT in erster Linie eine Folge der tektonischen Durchbewegung. Weitere liquidmagmatische Erzlagerstättentypen des initialen Magmatismus sind für BORCHERT z. B. Titaneisenerzlagerstätten und Nickelmagnetkieslagerstätten.

CISSARZ behandelt an drei Beispielen subvulkanische und vulkanische Lagerstätten, die mit dem initialen Magmatismus verknüpft sind. Bei Supla Stijena treten mitteltriadische Quarzporphyrite, Sanidinporphyrite, Augitporphyrite und Augitdiabasporphyrite auf, die sekundär stark umgewandelt sind. Die verbreitetsten Umwandlungen sind Chloritisierung, Sericitisierung, Silifizierung und Karbonatisierung. Kaolinisierung tritt nur lokal auf. Die Erze, vor allem Pyrit, Zinkblende,

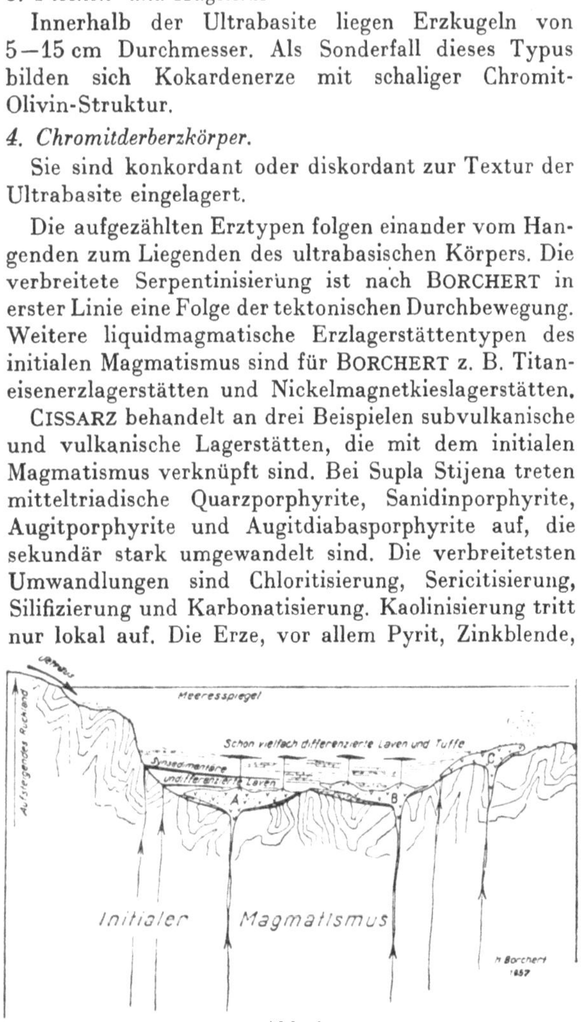

Abb. 1

Bleiglanz und Kupferkies bilden mehrere gang- oder linsenförmige Körper. Die Spaltenbildung ist triadisch. Imprägnationen sind selten. Die triadische Tektonik wurde durch spätere Tektonik überprägt. Hierbei ist es teilweise zu einer Verschieferung der Erze, aber auch zu einer Umlagerung gekommen (Beginn einer orogenen Regeneration im Sinne SCHNEIDERHÖHNS).

Bei Brskovo in Montenegro liegen gangartig und imprägnativ Pyrit-Zinkblende-Erze in Quarzkeratophyren. Die Quarzkeratophyre sind stark sericitisiert. Kaolinisierung und Silifizierung treten nur lokal auf. Chloritisierung fehlt vollkommen. Im Zusammenhang mit dem Porphyritvulkanismus stehen auch Quecksilberlagerstätten. Bei Idrija treten sie auf Klüften und imprägnativ in anisischen Dolomiten und ladinischen bituminösen Schiefern auf. Das Erz ist ein fast monomineralisches Zinnoberaggregat. Während der alpidischen Überschiebungstektonik ist das Erz partiell mobilisiert worden, ohne jedoch den Lagerstättenbereich zu verlassen.

Besonders typisch für die Lagerstätten des initialen Magmatismus sind exhalativ-sedimentäre Lagerstätten. In dieser Lagerstättenform bilden sich oxydische, silikatische und sulfidische Erze.

CISSARZ geht zunächst auf die altpaläozoischen Eisensilikatlagerstätten Mazedoniens ein. Die älteren Sedimente bestehen dort im wesentlichen aus tonigen und sandigen Schiefern, Quarziten, seltener Sandsteinen, Grauwacken und Arkosen. Die schiefrigen Gesteine sind meist stark bituminös. Mitunter sind fossilführende Kalk- und Dolomiteinlagerungen vorhanden, deren Alter als oberstes Unterdevon bis unterstes Mitteldevon bestimmt wurde.

Im unteren Teil der Serie sind stellenweise mächtige Eruptivmassen eingeschaltet. Die primär körnigen Diabase sind heute weitgehend hydrothermal umgewandelt. Bezeichnend sind ihre hohen Gehalte an Fe (15 bis 16%) und Ti (3 bis 4%). Der ehemals vorhandene Titanomagnetit ist weitgehend in Leukoxen umgewandelt. Auch die Eruptivgesteine sind stark verschiefert und teilweise chloritisiert, so daß ihr primärer Charakter kaum noch erkennbar ist. Stellenweise sind stark metamorphe Tuffe vorhanden. Das Alter dieser Eruptivserie ist vermutlich die Grenze Silur/Devon.

Die gesamte Geosynklinalserie ist kaledonisch gefaltet. Die Faltenachsen streichen NNO bis NO. In den Mulden sedimentiert das unterdevonische Eisenerz, danach beginnt die variszische Gebirgsbildung mit disjunktiver Tektonik.

Das primäre Erzsediment

In den feinklastischen Sediment- und Tongesteinen treten häufig Eisensilikate auf. Je nach dem Gehalt an Fe-Silikaten unterscheidet man Fe-Silikatschiefer bis hochwertige Fe-Erze. Die heutigen Strukturen zeigen, daß das Eisensilikat zunächst im gelförmigen Zustand vorlag und dann später auskristallisierte, z. T. in feinfilzigen Massen von Chamosit. Die Strukturen der Eisensilikate sind außerordentlich wechselvoll; so kommen u. a. körnige und oolithische Bildungen vor. Als Fremdstoff ist dem Erz vor allem freie Kieselsäure beigemengt. Bemerkenswert ist, daß die Oolithbildung verschiedenen Alters ist und auch die Größe der Individuen innerhalb eines Erzhorizontes stark schwankt. Eisenkarbonatoolithe sind ganz selten und nur lokal verbreitet. Das Bindemittel zwischen den einzelnen Silikatgefügeelementen ist in der Regel Fe-Silikatgel, das

Tabelle 1. Übersicht über die Entwicklung der mazedonischen Fe-Silikaterze in den verschiedenen Bildungsstadien

Primäres Erzsediment	Früh-diagenese	Spät-diagenese	Anchimeta-morphose	Oberflächen-oxydation
Fe-Silikatgel	Siderit Magnetit	Siderit Magnetit Hämatit	Magnetit	Limonit Quarz
	feinblättriger Thuringit Chamosit			
Chamosit (oolithisch)		Siderit Magnetit Hämatit	Magnetit	Limonit Quarz
		Thuringit		
kryptokrist. Siderit	kristalliner Siderit		Misch-karbonate	Limonit Anhydrit
SiO_2-Gel	Quarz Chalcedon		Quarz	Quarz
Bitumen			Graphit	
Phosphorit	Apatit (opt. anormal)		Apatit (opt. normal)	

durch seine hohe Reaktionsfähigkeit meist völlig umgewandelt ist.

Diagenetische Umwandlungen

Die primär gebildeten Eisensilikate sind diagenetisch umgebildet worden. Es entsteht zunächst Siderit, dem später Magnetit folgt. Örtlich scheidet sich dann noch einmal Eisensilikatgel ab, das die umgewandelten Oolithbildungen umhüllt. Das alles geschieht noch während der Sedimentation. Danach kommt es erneut zu einer ausgedehnten Sideritisierung und Magnetitbildung. Lokal scheiden sich aus der frei werdenden Kieselsäure Quarz und Chalcedon ab. Die Vorgänge spielen sich unter reduzierenden Bedingungen ab. Wo ein oxydierendes Medium herrscht, kommt es zur Bildung von tafligem Hämatit. Die späteren Umbildungen sind relativ geringfügig. So kommt es durch Anchimetamorphose noch einmal zur Bildung von Magnetit, Thuringit und Mischkarbonaten. Diese verwickelten Entstehungsbedingungen sind in Tabelle 1 übersichtlich dargestellt.

Untergeordnet treten lokale Verschieferungen auf. Dabei wirkten die primär abgelagerten Bitumina als Gleitbahnen und wandelten sich dabei zum Teil in Graphit um.

Tabelle 2. Normalprofil der Eisenerzlagerstätte von Vareš

Skyth		Werfener Schiefer Dolomitische Kalke, z. T. Zellenkalk Breccien-Kalke
	Überschiebung	
	Hangendzone	Buntschiefer
	Hämatitlager	Eisenkiesel ± Jaspis Blauerzzone ± Manganoxyde Feinschichtige Hämatitzone Kieselige Hämatitzone
Anis	Kramenzel-kalkzone	Rotbraune Schieferzone Kramenzelkalk, z. T. fehlend Rotbraune Schieferzone
	Sideritlager	Plattiger Siderit ± Baryt Dickbankiger Siderit, z. T. mit Sulfiden Plattiger Siderit mit Schieferzwischenlagen
?	Liegendzone	Kalk mit Schieferzwischenlage, z. T. Pflanzenschiefer
	Überschiebung	
Lias		Flyschserie

Weiterhin behandelt CISSARZ die triadischen Siderit-Hämatit-Lagerstätten von Vares in Bosnien. Zunächst werden auch dort die stratigraphischen und tektonischen Verhältnisse erläutert. Es kommt zum Ausdruck, daß es sich um eine Lagerstätte mit typischer Geosynklinalfazies handelt, in der im wesentlichen zwei Erzlager auftreten: das stratigraphisch ältere Sideritlager und das hangende Hämatitlager (siehe Tabelle 2).

CISSARZ geht neben der Besprechung des Mineralgehaltes auch auf die Struktur des Erzes ein. Wie die Bezeichnung der Erzlager schon andeutet, sind Siderit und Hämatit die Hauptträger des Eisens. Daneben treten in wechselnder Menge noch folgende Mineralien auf: Baryt, Pyrit, Zinkblende, Kupferglanz, Covellin, Kalkspat, Quarz, Magnetit, Chlorit und Psilomelan.

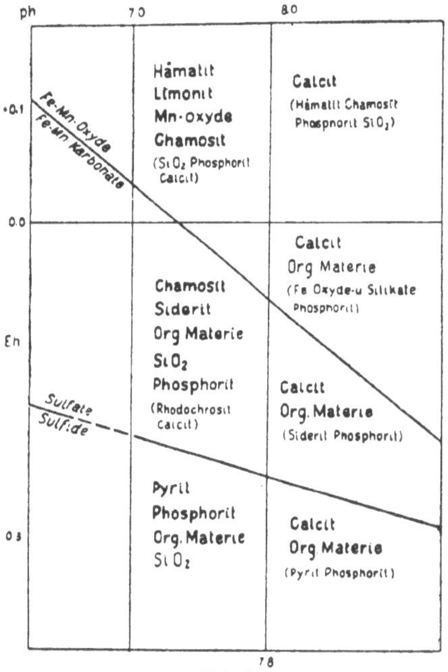

Abb. 2

In der gesamten Lagerstätte spielen diagenetische Umwandlungen kaum eine Rolle.

Die Bildungsbedingungen der Eisenerzlagerstätten:

In beiden Lagerstätten werden als Eisenbringer magmatische Vorgänge angenommen. Die Zufuhr erfolgte, entgegen älteren Auffassungen, in Form von Fe^{++}-Verbindungen, während sich Fe^{+++} erst später durch Oxydation bildete. Gegen die Zufuhr von Fe- und Si-Verbindungen in Chloridform werden Bedenken erhoben. Dagegen wird an die Möglichkeit gedacht, daß Fe^{++} und Si als hydrolisierte Fe^{++}-Silikate zugeführt wurden. Nach neueren Untersuchungen spielt bei der Ausfällung die Temperatur kaum eine Rolle. Wichtig ist dagegen der p_H-Wert und nach KRUMBEIN und GARRELS das Redox-Potential (siehe Abb. 2). Unter diesen Gesichtspunkten wird die Bildung der einzelnen Fe-Mineralien der oben angeführten Lagerstätten untersucht und erklärt. Auch diagenetische Umbildungen sind diesen Faktoren unterworfen. Allerdings spielen noch eine Anzahl anderer mit, deren wichtigste im folgenden aufgeführt werden:

a) Stabilität der Primärbildung,
b) Beteiligung von organischer Substanz,
c) Durchlässigkeit und Sedimentationsgeschwindigkeit des überlagernden Sediments.

Unter Berücksichtigung dieser Bedingungen wird die mehr oder weniger starke Umwandlung der Erzsedimente der oben aufgeführten Lagerstätten erklärt.

Sulfidische exhalativ-sedimentäre Lagerstätten sind in der dinarischen Geosynklinale selten. Eine reine Pyrit-Magnetkieslagerstätte dieser Art behandeln die Verfasser nicht. Als Beispiel für diesen Typus dient BORCHERT die triadische Blei-Zink-Kupfer-Lagerstätte von Borovica. Es handelt sich um schichtige sulfidische Einlagerungen in Schiefern und dolomitischen Kalken der mittleren Trias. In den Karbonatgesteinen finden sich Imprägnationserze, in den Schiefern barytische Lager vom Meggener Typ. Die Struktur der Erze, ins-

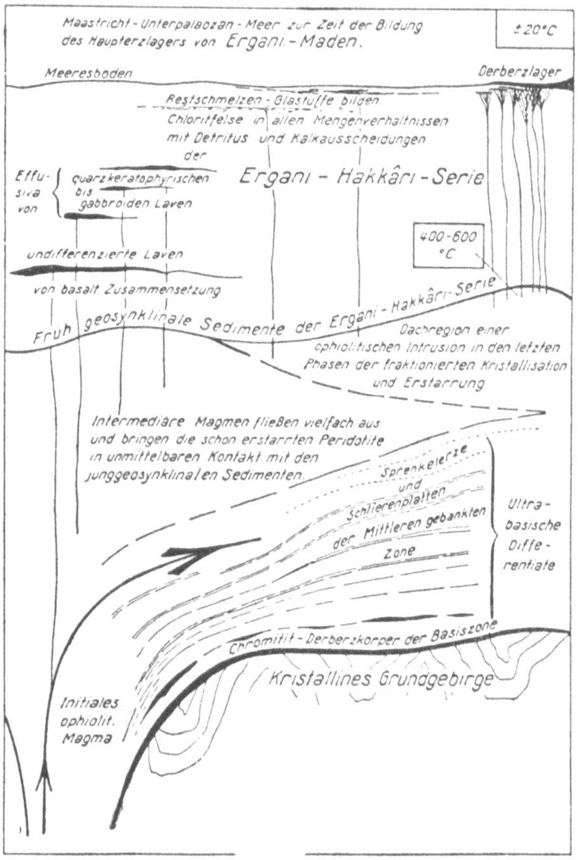

Abb. 3. Schema der wichtigsten Lagerstätten des initialen Magmatismus, speziell des Typs Ergani

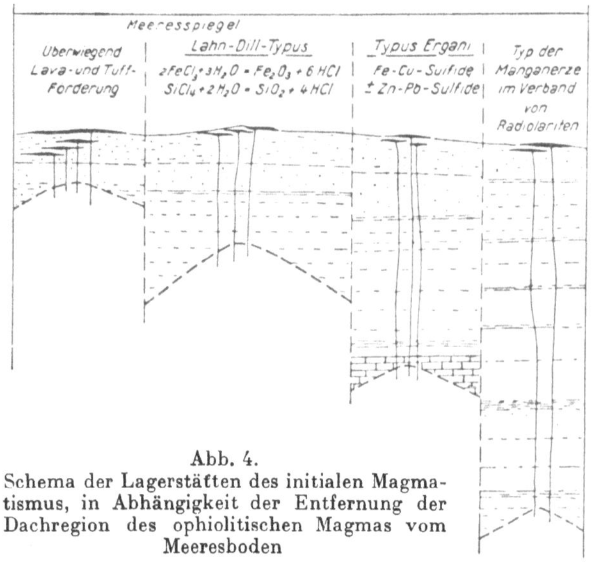

Abb. 4.
Schema der Lagerstätten des initialen Magmatismus, in Abhängigkeit der Entfernung der Dachregion des ophiolitischen Magmas vom Meeresboden

besondere die des Pyrits sind sedimentär, soweit sie nicht während einer schwachen Metamorphose einen hydrothermalen Habitus angenommen haben. Die Lagerstätte baut sich aus folgenden Erzmineralien auf: Pyrit, Markasit, Kupferkies, Zinkblende, Fahlerz, Bournonit, Boulangerit.

Ein sehr interessantes Vorkommen ist die Buntmetalllagerstätte von Ergani Hakkari (Abb. 3). Die Erzlager liegen in mergeligen und kalkigen Schichten von kretazischem bis paleozänem Alter, in denen basische und intermediäre Laven und Tuffe eingelagert sind. Das Erz ist schichtig. Die liegende Partie des Lagers ist ein mit Pyrit, Kupferkies und Magnetit imprägnierter Chlorit-Quarzfels. Darüber liegen kupferarme pyritische Imprägnationserze, Magnetit-Chloritlagen mit wenig Sulfiden, drusige kupferkiesreiche Pyrit-Kupferkieserze und in den hangenden Partien derbe Pyrit-Kupferkieserze mit etwa 5—10% Cu. Das Vorkommen von Hochtemperaturmineralien wie Picotit und Cubanitentmischungen im Kupferkies wird auf Ausscheidungen in der unmittelbaren Umgebung heißer Thermen zurückgeführt. In den Zusammenfassungen diskutieren BORCHERT und CISSARZ die Genese der Erze, die Beziehungen zwischen initialem Magmatismus und den zugehörigen Lagerstätten (Abb. 4), ferner die Stellung des initialen Magmatismus und seiner Lagerstätten im magmatotektonischen Schema STILLES.

Gedanken über die Nutzung von Baustoffvorkommen im Deckgebirge der Braunkohle

EWALD v. HOYNINGEN-HUENE

Der Zweck der Lagerstättenschutzbestimmungen[1]) besteht darin, nutzbare Rohstoffvorkommen für einen späteren Abbau zu erhalten und kurzsichtige Planungen und Raubbaumethoden zu verhindern. Die Staatliche Geologische Kommission wendet ihre gesamte Leistung der Erkundung neuer Lagerstätten zu, während sie auf die Nutzung der an die Industrie übergebenen Vorräte keinen Einfluß mehr hat. Die Maßstäbe, die der erkundende Geologe an eine Lagerstätte legt, sind andere als die des Bergmannes. Der Geologe sieht die Lagerstätte im ganzen ohne Sicherheitspfeiler, Abbauverluste, ohne die zeitlich wechselnden Ansprüche von Technik und Wirtschaft. Losgelöst von den derzeit üblichen Gewinnungsmethoden erstrebt er die vollständige Ausbeutung aller im Flöz sowie im Hangenden und Liegenden vorhandenen Rohstoffe, wobei er die Frage, wie der Abbau praktisch ausgeführt werden soll, nur andeuten kann.

Völlig entgegengesetzt ist die Einstellung des Bergmannes. Er sieht sein Grubenfeld, welches er nach betriebstechnischen und ökonomischen Gesichtspunkten

[1]) Siehe Gesetzblatt Nr. I 57/62 vom 10. 12. 1956.

vorzurichten und abzubauen trachtet. Das Deckgebirge ist für ihn Abraum, der mit geringstem Aufwand zu beseitigen ist — soweit es sich um Tagebaubetrieb handelt, der hier allein zur Diskussion steht.

Er konzentriert sich auf das gegenwärtig Nötige und Mögliche und begnügt sich mit der Kenntnis von Teilen seiner Lagerstätte, wenn diese für sich allein wirtschaftlich ausgebeutet werden können.

Ein guter Lagerstättengeologe darf sich demgegenüber weder der Gegenwartsforderung des Bergbaues unterwerfen, noch sich auf die geologische Entwicklungsgeschichte oder die stoffliche Betrachtung seiner Lagerstätte beschränken, sondern er muß auch zukunftweisend den gesamten Lagerstättenkomplex mit allen seinen Entwicklungsmöglichkeiten darstellen.

Ein guter Bergmann sieht diese Zusammenhänge selbstverständlich auch, aber er ist in der Regel notwendigerweise derart mit seinem Betrieb verbunden, daß er sich nur schwer von dessen Anforderungen distanzieren kann.

Diese Gegensätze in der Einstellung des Bergmannes und des Geologen zu ihrer gemeinsamen Lagerstätte sind jedoch äußerst fruchtbar, weil sie Veranlassung geben, daß neue Wege gesucht und gefunden werden, um die Rohstoffbasis zu vergrößern.

Solche Gegensätze bestehen zur Zeit zwischen Geologen der Staatlichen Geologischen Kommission und Bergingenieuren der Braunkohlenindustrie. Die Situation ist im Blickwinkel des Geologen folgende:

Im Hangenden der Braunkohle treten häufig wertvolle Baustofflagerstätten auf (Ziegeltone, Betonkiese), die bei den herkömmlichen Abbaumethoden im Tagebaubetrieb als unbrauchbare Mischböden auf die Kippe gelangen. Es ist volkswirtschaftlich notwendig, diese Lagerstätten entweder als Nebenprodukt des Bergbaues im Verbundbetrieb zu gewinnen oder getrennt zu verkippen, um die einzelnen Rohstoffe später doch noch gewinnen zu können.

Der Bergmann vertritt hier folgenden Standpunkt. Der Abbau der Kohle ist Schwerpunkt und im Plan verankert. Kies und Ton gibt es genug. Abraumgeräte, die einen getrennten Abbau der einzelnen Deckgebirgskörper erlauben, sind nicht im ausreichenden Umfange vorhanden und stehen auch nicht im Produktionsplan des Schwermaschinenbaus. Ganz gleich, ob die Lagerstätten des Deckgebirges mit herkömmlichen oder neu zu entwickelnden Abraumgeräten gesondert gewonnen werden, bedeutet das eine Leistungsminderung und Verteuerung des Abraumbetriebes, die die gesamte Produktionsplanung in Frage stellt und volkswirtschaftlich untragbar ist.

Gegen dieses Argument ist der Geologe zunächst machtlos. Er muß zusehen, wie die Lagerstättenschutzbestimmungen vom Bergbau selbst mißachtet werden, sobald es sich um fremde Lagerstätten handelt. Dabei handelt es sich keineswegs um Kleinigkeiten. Die Kies- und Tonvorräte, die der Braunkohlenbergbau in einem Jahr im Abraum vernichtet, betragen ein Vielfaches von dem Jahresbedarf der gesamten Bauwirtschaft der DDR.

In den letzten Jahren haben die Braunkohlenbergleute ein wachsendes Verständnis für die Schwierigkeiten der Bauindustrie gezeigt, ohne daß es jedoch zu einer grundlegenden Änderung gekommen ist. Zwar werden bisweilen Teile der Abraumförderung an Ziegeleien abgezweigt oder es wird erwogen, vor dem Kohlenabbau zeitlich begrenzten Kiesabbau zuzulassen, aber an der Endkonsequenz, daß nach beendetem Kohlenabbau auch keine Ton- und Kieslagerstätte in diesem Bereich mehr vorhanden ist, hat sich noch nichts geändert.

Es ist bedauerlich, daß unsere Wirtschaft einseitig auf die Gegenwart ausgerichtet ist und keine Rücksicht darauf nimmt, daß auch in 100 oder 1000 Jahren noch Menschen anständig leben wollen, und wir haben die Pflicht, uns zu überlegen, wie wir jeden unnötigen Raubbau, besonders an Rohstoffen, die nicht nachwachsen, vermeiden.

Da sich die technischen Probleme des Braunkohlenabbaus im Laufe der nächsten 10 Jahre in dieser Hinsicht kaum ändern werden, wird die Lagerstättenvernichtung weitergehen, wenn keine neuen Wege gefunden werden. Dabei ist es wichtig zu wissen, daß früher der Verbundbetrieb von Braunkohlentagebau und Ziegeleibetrieb oder keramischer Industrie zumeist durchaus rentabel war, bis diese organisch zusammengehörenden Betriebe auf administrativem Wege auseinandergerissen wurden. So waren z. B. die Tongruben Großräschen, Holzweißig, Bitterfeld, Luckenau, Espenhain, Bruckdorf u. a. früher Zweigbetriebe des Braunkohlenbergbaus.

Es ist klar, daß ein Geologe hier nur Anregungen, aber keine technischen Projekte liefern kann. Wenn man brauchbare Vorschläge machen will, muß man die Bedürfnisse und Gewinnungsmethoden der aufeinander abzustimmenden Betriebe genau kennen. Das Grundproblem liegt im folgenden:

Der Braunkohlenbergbau benötigt einen zügig vorauseilenden Abraumbetrieb, der die Kohle mit möglichst wenigen Baggerschnitten für den Abbau freilegt. Jede Deckgebirgslagerstätte (Kies, Ziegeleiton u. a.), die dabei ausgehalten werden soll, bedeutet einen zusätzlichen Baggerschnitt, der den Abraumbetrieb verteuert und wertvolle Geräte bindet. Das kann durchaus wirtschaftlich sein, wenn die so gewonnenen Rohstoffe des Deckgebirges zügig und vollständig abgenommen werden. Der Anfall an diesen Rohstoffen aus dem Abraum ist jedoch so groß, daß ein vollständiger Absatz auch bei völliger Umstellung der Baustoffindustrie nicht gewährleistet werden kann, weil die Baustoffe bei der sich daraus ergebenden zentralisierten Massenproduktion von einem Herstellungsort in die entlegendsten Gebiete transportiert werden müssen. Das bedeutet hohe Transportkosten und eine untragbare Belastung der Verkehrswege. Lediglich bei ausreichenden Schiffahrtsverbindungen kann ein solcher Absatz technisch und ökonomisch tragbar sein.

Es ist auch nicht möglich, den Kies- oder Tonabbau dadurch direkt mit dem Braunkohlenbergbau zu kombinieren, daß man die Bagger und Transportmittel von Kies- oder Tongruben im Abraumbetrieb der Kohle einsetzt. Die Leistungen dieser Geräte sind viel zu gering, um den Abraumgeschwindigkeiten des Braunkohlentagebaus gerecht zu werden. Diese Methode kann zur Zeit nur in der Weise vorgenommen werden, daß man so lange in unverritzten Kohlenfeldern Kies- und Tonabbau alten Stils treibt, bis der Braunkohlenbergbau das Gelände in Anspruch nimmt. Dadurch wird wenigstens ein Teil der Rohstoffe gerettet und dem Abraum der Braunkohle vorgearbeitet.

Sobald der Abraumbetrieb des Braunkohlenbergbaus mit seinen Großgeräten zu arbeiten beginnt, ist beim besten Willen eine Gewinnung der im Deckgebirge vorhandenen Rohstoffe mit der Garantie des erforderlichen Reinheitsgrades nicht mehr möglich. Die zeitlich fixierten Abraumziele und die Notwendigkeit, horizontale Baggerstrossen anzulegen, lassen es nicht zu, daß schädliche Einlagerungen oder infolge unregelmäßiger Schichtung auftretende Fremdstoffe ausgehalten werden können. Es wird also auch bei gut durchdachtem Verbundbetrieb niemals einwandfreies Material gewonnen werden können, es sei denn, die Abbaugeschwindigkeit der Kohlengewinnung wird zugunsten einer einwandfreien Ausnutzung des Deckgebirges stark herabgesetzt. Bei dem gegenwärtigen Kohlenbedarf ist jedoch eine solche Drosselung kaum denkbar.

Ehe man nach einem Ausweg aus dieser Situation sucht, muß man Bilanz ziehen, um die Entwicklungsmöglichkeiten des Vorhandenen mit den Anforderungen und Bedingungen der Zukunft vergleichen zu können.

Es kann vorausgesetzt werden, daß die Kohle als unser wichtigster chemischer Grundstoff ohne Rücksicht auf die Entwicklung der Atomenergietechnik immer dringend benötigt wird, auch dann, wenn die nach den gegenwärtigen Rentabilitätsberechnungen tagebauwürdigen Kohlenflöze verschwunden sein werden. Auch die Bedeutung der Steine und Erden für das Bauwesen und die keramische Industrie wird nicht nachlassen. Sowohl die Braunkohle als auch die hochwertigen Tonlagerstätten liegen bevorzugt in den gleichen Sedimentationsgebieten und müssen auf lange Sicht als ein geologischer und volkswirtschaftlicher Komplex gesehen werden.

Ganz allgemein kann man aus dieser Situation folgende Aufgaben erkennen:

1. Die Geologie sollte durch eine umfassende Dokumentation im Verlauf der Braunkohlenerkundung nachweisen, welche nutzbaren Lagerstätten im Hangenden, in den Flözmitteln und im Liegenden auftreten. Dabei sollen auch die Vorkommen von Spurenelementen berücksichtigt werden.

2. Die Bergbautechnik sollte prüfen, welche maschinellen und organisatorischen Einrichtungen benötigt werden, um den erforderlichen Abbau komplexer Lagerstätten zu bewältigen.

3. Die Perspektivplanung sollte abwägen, ob der Wert und der Umfang der anfallenden Rohstoffe in einem tragbaren Verhältnis zu dem erforderlichen Aufwand stehen.

Wie das im einzelnen zu beginnen ist, kann hier noch nicht angedeutet werden. Es bedarf ausgiebiger Untersuchungen und Überlegungen, ehe der zweckmäßigste Weg gefunden sein wird, der dann wahrscheinlich für jedes Abbaugebiet je nach der geologischen Situation stark differiert. Dabei kann es sich herausstellen, daß man an der einen Stelle eine völlig neue Tagebautechnik entwickeln wird, an der anderen dagegen zweckmäßiger mit alterprobten Methoden arbeiten kann. Was mit neuer Tagebautechnik gemeint ist, sei an folgendem Beispiel einer Lagerstättenrückgewinnung aus dem Abraum erläutert:

Wenn z. B. in einem Abraumschnitt 80–90% bauwürdigen Kieses oder Tons enthalten sind, so findet eine Vermischung mit 10–20% Fremdbestandteilen statt, die bei Ziegelton unter Umständen hingenommen werden können, bei Betonkies oder Glassand jedoch den Rohstoff unbrauchbar machen. Es kann hier nur angedeutet werden, daß man diese Verunreinigung wieder rückgängig machen kann durch Kombination eines Abraumbetriebes mittels Monitoren und Entmischung der Abraumspülung in Klärteichen (z. B. alter Tagebau) oder durch Verwendung von Hydrozyklonen. Wenn es gelingt, derartige Verfahren richtig aufeinander abzustimmen, so kann man erreichen, daß sich hier in getrennten Räumen neue Kies-, Sand- und Tonlagerstätten bilden, die nach beendetem Kohlenbergbau gewonnen werden können. Dabei können sogar solche Rohstoffe nutzbar werden, die in natürlicher Lagerstätte nicht den nötigen Reinheitsgrad haben, um bauwürdig zu sein.

Dabei kann man bei bestimmten geologischen Voraussetzungen sogar die Grubenabwässer in unmittelbarer Umgebung des Tagebaues versickern lassen, um den erhöhten Wasserzulauf für den Betrieb der Monitoren und für den Transport der Abraummassen zu verwenden und gleichzeitig geringer auf den Wasserhaushalt der Umgebung einzuwirken.

Der Vorteil derartiger Abraummethoden läge in Folgendem:

1. Die nutzbaren Gesteine des Deckgebirges werden so zügig abgeräumt, wie es dem Bedarf des Kohlenbergbaues entspricht.

2. Das Spülverfahren läßt noch kaum überschaubare Möglichkeiten nicht nur für die Gewinnung, sondern auch für den Transport und die Schlämmung oder Waschung der verwendbaren Abraummassen erkennen.

3. Das abgeräumte Material kann in solchen Räumen abgelagert werden, die bereits durch den Bergbau verritzt und noch nicht rekultiviert sind. Damit wird landwirtschaftliche Nutzfläche gewonnen, und der spätere Ton- oder Kiesabbau kann ungestört vom Braunkohlenbergbau erfolgen.

4. Auch wenn der Braunkohlenbergbau das Gebiet verlassen hat, ist noch für lange Zeit Arbeitsmöglichkeit für die ortsansässige Bevölkerung vorhanden.

5. Die gedrosselte Entwässerung des Gebirges ist im Interesse der Wasserversorgung der Umgebung zu begrüßen.

Alle diese zur Zeit nur in groben Umrissen skizzierbaren Perspektiven setzen jedoch enge Zusammenarbeit zwischen Bergleuten und Geologen mit folgenden Arbeitszielen voraus:

1. Erkundung der Tiefenlage, Mächtigkeit und Qualität der Kohlenflöze.

2. Erkundung der Tiefenlage, Mächtigkeit und Qualität der im Deckgebirge enthaltenen nutzbaren Erdstoffe.

3. Erkundung der Grundwasserverhältnisse und Voraussage möglicher Grundwasserschäden zwecks rechtzeitiger Vorbeugungsmaßnahmen.

4. Erkundung und Voraussage ingenieurgeologischer Grundbedingungen bei der Anlage von Böschungen und Strossen im Tagebau.

5. Bodenkundliche Klassifikation der für die spätere Rekultivierung geeigneten Abraummassen.

Es scheint ratsam, die erforderlichen Untersuchungen sobald wie möglich anlaufen zu lassen, da nach dem gegenwärtigen Stand der Abbautechnik keine Rettung der Baustoffe im Deckgebirge der Braunkohle im ausreichenden Umfange möglich ist.

Soweit in einem Baggerschnitt einheitliches Material anfällt, sollte dieses grundsätzlich getrennt verkippt werden, auch dann, wenn eine spätere Verwendungsmöglichkeit noch unbekannt ist. Bei der Verkippung nutzbaren Materials sollte bereits auf eine spätere Rückgewinnung Rücksicht genommen werden. Die stofflich verschiedenen Halden und Kippen sind selbstverständlich zu vermessen. Außerdem sollte bei allen künftigen Tagebauprojekten eine einwandfreie Lagerstättendokumentation des Deckgebirges vorgelegt und von Fall zu Fall die möglichst vollständige Gewinnung oder Rückgewinnung schon in der Planung verankert werden.

Es muß davor gewarnt werden, diese Frage durch einseitige Entscheidungen nach der einen oder nach der anderen Seite hin zu erzwingen. Bei sinngemäßer Auslegung der Lagerstättenschutzbestimmungen kann z. B. der Braunkohlenbergbau auf administrativem Wege gezwungen werden, die Lagerstätten seines Deckgebirges auszuhalten, genauso wie der Braunkohlenbergbau zur Rekultivierung der ausgekohlten Flächen bereits gesetzlich verpflichtet ist. Diese Maßnahme würde jedoch zum gegenwärtigen Zeitpunkt eine volkswirtschaftlich kaum vertretbare Leistungsminderung und eine wirtschaftliche Belastung der Kohlenproduktion verursachen. Genau so untragbar ist es jedoch, den gegenwärtigen Zustand, der bisher wegen des Übergewichtes der Braunkohlenindustrie unantastbar war, unverändert zu belassen.

Zur Einschätzung der Gehalte und der Vorräte beigemengter Elemente[1]

A. D. KALENOW, Moskau

Als Beimengungen treten gewöhnlich Elemente auf, die keine eigenen Mineralien bilden, z. B. Gallium, Indium, Rubidium, Hafnium und Rhenium. Ferner sind dazu Elemente zu rechnen, die zwar eigene Mineralien bilden, aber wegen deren Seltenheit meist aus Erzen anderer Metalle oder aus Nichterzen gewonnen werden. Zu solchen Elementbeimengungen gehören Selen, Tellur, Germanium, Thallium, Kadmium, Scandium, Osmium, Iridium und andere. Bei der Erkundung und Gewinnung werden die beigemengten Elemente gewöhnlich in die Gruppe der zweitrangigen Begleitkomponenten einbezogen. Zur gleichen Gruppe zählt man neben den Elementbeimengungen auch die verbreiteteren Metalle, die jedoch für eine gegebene Lagerstätte nicht die Hauptkomponenten darstellen. In einer Anzahl von Handbüchern und Nachschlagewerken, die sich mit der Methodik der Erkundung von Lagerstätten mineralischer Rohstoffe befassen, wird empfohlen, zur Bestimmung der Gehalte der Begleitkomponenten aus Duplikaten der gewöhnlichen Proben Gruppenproben zu bilden und sie auf die entsprechenden Elemente analysieren zu lassen. Nach diesem Verfahren wird der Gehalt der Begleitkomponenten des ganzen Erzes bestimmt.

Wenn diese Methode auch für eine Reihe von Begleitkomponenten verwendbar ist, beispielsweise für Wismut in Lagerstätten seltener Metalle oder für Molybdän in Kupferlagerstätten, so ist sie für die meisten oben erwähnten Elementbeimengungen vollkommen untauglich.

Die Praxis der Untersuchung von Lagerstätten der seltenen Metalle zeigt, daß ein derartiges Herangehen an die Einschätzung der wirtschaftlichen Bedeutung beigemengter Elemente vollkommen falsch ist und in vielen Fällen zu schwerwiegenden Fehlern bei der Beurteilung der Gehalte und der Vorräte eines bestimmten seltenen Elements führen kann, besonders in den ersten Untersuchungsetappen, wenn noch keine Konzentrate vorliegen.

Folgende Beispiele mögen dieses erläutern. Zu bestimmen sind die Gehalte folgender beigemengter Elemente:

1. Indium auf Quarz-Zinnsteinlagerstätten
2. Scandium auf Quarz-Wolframitlagerstätten
3. Rhenium auf Quarz-Molybdänglanzlagerstätten
4. Hafnium auf Feldspat-Zirkonlagerstätten.

Aus der Tabelle geht hervor, daß in diesen als Beispiel gewählten Erzen die Bruttogehalte der beigemengten Elemente in der Nähe der mittleren Gehalte dieser Elemente in der Erdkruste liegen, d. h., in der Nähe ihrer Clarkezahl; hier liegt auch die Grenze ihrer genauen analytischen Bestimmung.

Mit anderen Worten: wenn man sich der Gruppenproben bedient, d. h. den Gesamtgehalt des beigemengten Elements im gesamten Erz bestimmt, so kann man in allen vier Fällen zu dem falschen Schluß kommen, daß das gesuchte Element in dem gegebenen Erz fehlt oder nur in Spuren auftritt. Tatsächlich ist jedoch in allen angeführten Beispielen der Gehalt der beigemengten Elemente in den entsprechenden Erzmineralien wirtschaftlich gewinnbar, d. h. abbauwürdig.

Wir behandelten bisher die einfachsten Fälle (s. Tabelle), bei denen sich die Elementbeimengung in einem Wirtsmineral konzentrierte, was in der Natur oft zu beobachten ist. Manchmal kann das entsprechende Element jedoch in mehreren Mineralien auftreten. Durch einfache arithmetische Berechnungen kann man auch in diesen Fällen zeigen, daß das beigemengte Element, wenn es sich in einzelnen Mineralien in gewinnbaren Mengen konzentriert, im gesamten Erz einen äußerst niedrigen Durchschnittsgehalt aufweist.

Worin besteht nun der Fehler bei der Entnahme von Gruppenproben (bzw. von Sammelproben, wie sie auch bezeichnet werden)? Vor allem darin, daß bei diesem Ver-

[1]) Aus: „Erkundung und Lagerstättenschutz" (russisch), Heft 10, 1956.

Erztyp	Wirtsmineral	Beigemengtes Element	Clarkezahl des beigemengten Elements %	Gesamtgehalt des beigemengten Elements im Erz %	Gehalt des Wirtsminerals im Erz %	Gehalt des beigemengten Elements im Wirtsmineral %	Gehalt des beigemengten Elements im Quarz	Die natürliche Anreicherung des beigemengten Elements im Wirtsmineral gegenüber dem Erz
Zinnstein + Quarz	Zinnstein	Indium	1.10^{-5}	2.10^{-4}	0,2	0,1	0	500
Wolframit + Quarz . . .	Wolfram	Scandium	6.10^{-4}	2.10^{-4}	0,4	0,05	0	250
Molybdänglanz + Quarz	Molybdän	Rhenium	1.10^{-7}	2.10^{-5}	0,1	0,02	0	1000
Zirkon + Feldspat	Zirkon	Hafnium	3.10^{-4}	1.10^{-3}	0,2	0,5	0	500

fahren die gegebene natürliche Konzentration der seltenen und der Spurenelemente in den Haupterzmineralien nicht berücksichtigt wird und ferner darin, daß so oder anders die wichtigste nutzbare Komponente des Erzes, welche das beigemengte Element enthält, zu einem Konzentrat verarbeitet wird.

Die Untersuchung der Konzentrate korrigiert zwar den Fehler, der bei einem derart grob mechanischen Herangehen an die Einschätzung der Gehalte der beigemengten Elemente im Erz zugelassen wird (dieser Fehler ist der „Brutto"bemusterung eigen), sie korrigiert ihn aber erst entweder in den letzten Erkundungsetappen oder während der Gewinnung. Die Kenntnis des wirklichen Gehaltes der beigemengten Elemente, die in den Hauptkomponenten des Erzes auftreten, und die Einschätzung ihrer Vorräte ist aber gerade während der ersten Erkundungsetappen von Bedeutung, damit man die Möglichkeit hat, das richtige Aufbereitungsschema zu wählen und das Projekt für die Gewinnung der Lagerstätte sachgemäß auszuarbeiten.

Nach unserer Meinung ist es methodisch richtig, bereits während der ersten Erkundungsetappen mineralogische Stufenproben zu entnehmen, welche die Hauptkomponenten charakterisieren müssen, aus denen die Erzmasse besteht; diese Stufenproben müssen systematisch im Abstand von 10—20 m in allen Grubenbauen und Bohrungen genommen werden. Von diesen Proben sind einzelne Mineralien zu entnehmen und je nach der Vererzung quantitativ spektralanalytisch oder chemisch auf die verschiedenen beigemengten Elemente zu untersuchen. Gerade bei dieser Methode, wenn man nämlich monomineralische Proben entnimmt, ist man in der Lage, bereits während der ersten Etappen zu sagen, ob dieses oder jenes Element in den Erzen auftritt und in welchen Mineralien es sich konzentriert. Auf diese Weise kann man ermitteln, ob es sich um komplexe Erze handelt.

Damit man genaueste Angaben erhält, müssen mineralogische Proben verschiedener Erztypen aus verschiedenen Teufen entnommen werden. Hierbei ist die Möglichkeit zu berücksichtigen, daß die seltenen Elemente in der Oxydationszone bereits während der ersten Umwandlungsstadien der Wirtsminerale ausgelaugt werden. Deshalb muß man sich in der Hauptsache auf die primären Erze orientieren.

Die Anzahl der mineralogischen Proben für ein bestimmtes beigemengtes Element kann bei einer Lagerstätte in weiten Grenzen schwanken, die Praxis zeigt aber, daß 50—100 Proben für diesen Zweck völlig ausreichen.

Nach Erhalt der Ergebnisse der quantitativen Spektral- oder chemischen Analysen der monomineralischen Proben und Berechnung der Durchschnittsgehalte der beigemengten Elemente kann man ohne weiteres auch die Vorräte der beigemengten Elemente auf einer Lagerstätte bestimmen, wenn die Vorräte des Wirtsminerals bekannt sind.

Es sollen z. B. die Indiumvorräte in einer Zinnlagerstätte bestimmt werden. Zu diesem Zweck bestimmt man die Indiumvorräte auf der Grundlage der bekannten Zinnvorräte, wobei man berücksichtigt, daß das Indium im Zinnstein auftritt. Wenn man aus den Analysen der mineralogischen Zinnsteinproben dessen Indiumgehalt kennt, kann man durch einfache Umrechnung leicht die Indiumvorräte berechnen. Wenn auf der Lagerstätte indiumfreier Zinnkies auftritt, so sind aus den Berechnungen die Zinnvorräte auszuschließen, die an Zinnkies gebunden sind. Wenn Schwankungen des Indiumgehalts in den Zinnsteinen bei verschiedenen Erztypen oder Lagerstättenbezirken auftreten, müssen die Indiumvorräte einzeln für jeden Erztyp oder Lagerstättenteil bestimmt werden, dann durch Summierung für die ganze Lagerstätte.

Folglich muß das „Brutto"verfahren zur Bestimmung des Gehalts an beigemengten Elementen im ganzen Erz in einer Anzahl von Fällen verworfen und durch eine rationellere und zuverlässigere Methode der selektiven mineralogischen Bemusterung ersetzt werden, wobei, von den Durchschnittsgehalten im Mineral und von den Mineralvorräten ausgehend, die Vorräte des beigemengten Elements in der Lagerstätte errechnet werden.

Nur mit Hilfe einer solchen Methode kann man in vielen Fällen eine richtige Einschätzung der Qualität der Erze, die Vorräte der beigemengten Elemente und ihre Verbreitung auf der Lagerstätte geben.

Bei der Neuauflage von Handbüchern und Nachschlagewerken über Bemusterung und Erkundung von Lagerstätten sollten entsprechende Korrekturen angebracht werden.

In den Instruktionen der Vorratskommission der UdSSR muß auch die Bedeutung der mineralogischen Bemusterung für die Bestimmung der Vorräte seltener und disperser Elemente exakter gekennzeichnet werden.

Die unlängst herausgegebenen „Instruktiven Hinweise zur Überprüfung der Lagerstätten mineralischer Rohstoffe und der Sammlung von Gesteinsmaterial für seltene und disperse Elemente" (Gosgeoltechisdat, 1956) berücksichtigen auch nicht die große Wichtigkeit der Entnahme mineralogischer Proben in den ersten Etappen der Lagerstättenerkundung. In dieser Instruktion wird empfohlen, monomineralische Proben nur von den Konzentraten zu entnehmen, was wiederum erst im Stadium der Gewinnung oder eingehender Untersuchungen der Aufbereitbarkeit der Erze möglich ist.

Daher gerieten die wichtigsten Erkundungsetappen für die Nutzbarmachung der Lagerstätte aus dem Gesichtsfeld dieser Instruktionen. Bei ihrer Neuauflage muß auch die Bedeutung der mineralogischen Bemusterung bereits in den ersten Etappen der Lagerstättenuntersuchung berücksichtigt werden.

Bei der Empfehlung der mineralogischen Bemusterung und der weiteren Vorratsberechnung „über das Mineral" ist zu bemerken, daß in vielen Fällen, wenn eine hinreichend zuverlässige Beziehung zwischen dem Gehalt eines bestimmten Metalles und dem Gehalt eines beigemengten Elements besteht, die Vorratsberechnung auch über das Leitmetall erfolgen kann.

Jedoch ist eine solche Berechnungsmethode nur dann möglich, wenn der Gehalt des beigemengten Elements im Erz so hoch ist, daß er bei der Bruttoanalyse der Erze hinreichend genau bestimmt werden kann.

Aus unseren Ausführungen geht hervor, daß es auf dem Gebiet der Bemusterung und der Berechnung von Vorräten beigemengter Elemente noch viele ungelöste Fragen gibt. Hier sind zusätzliche Untersuchungen erforderlich und vor allem Richtlinien, in welchen Fällen die Vorratsberechnung „über das Mineral" erfolgen muß, in welchen man nach der Methode der Korrelation nach dem Leitmetall verfahren kann und in welchen Fällen schließlich die Berechnung nach dem üblichen Verfahren durchzuführen ist. Es ist jedoch jetzt schon klar, daß in vielen Fällen die Anwendung der veralteten „Brutto"methoden für die Berechnung der Vorräte von Beimengungen unzulässig ist.

Einige Bemerkungen zur Diskussion über die Vorratsklassifikation

Diskussionsbeitrag — verlesen auf der Diskussionstagung des Lagerstättenausschusses der GDMB über Fragen der Vorratsklassifikation am 23. 11. 1957 in Clausthal/Bundesrepublik

FRIEDRICH STAMMBERGER, Berlin

In den letzten Jahren nimmt die Diskussion über die Klassifikation und Berechnung von Lagerstättenvorräten immer breitere Formen an. Das zeigt eine (allerdings für die DDR nicht vollständige) Bibliographie zu diesem Thema, welche Herr BLONDEL kürzlich zusammengestellt hat. Nach diesem Verzeichnis sind 1896—1946, d. h. in 50 Jahren, 38 Titel veröffentlicht worden, also weniger als durchschnittlich ein Titel pro Jahr.

1946—1956 erschienen dagegen 82 Titel, d. h. pro Jahr mehr als 8 Titel. Nach meinen Schätzungen sind in den letzten 5 Jahren allein auf dem Gebiete der DDR etwa 50 einschlägige Veröffentlichungen erschienen. Da die erwähnte Bibliographie außerdem nur Arbeiten in englischer, französischer und deutscher Sprache enthält, müßte man noch die zahlreichen Aufsätze sowjetischer, polnischer u. a. Kollegen hinzufügen.

Dieses wachsende Interesse für die Problematik des Themas hat gleichzeitig zu einer breiteren und vielseitigeren Behandlung der Kernfragen geführt. Das hat z. T. seine Ursache in einer Erweiterung der gestellten Aufgaben. Wenn der Betrieb und die einzelne Lagerstätte etwa bis gegen Ende der 30er Jahre im Blickpunkt des Interesses stand, so interessierte seit 1928 (in der Sowjetunion) und seit 1943 (in den USA) die Fachleute sowohl die Lagerstätte und der einzelne Betrieb als auch die Vorratslage ganzer Industriezweige und Länder.

Aus dieser Entwicklung ergaben sich für Praxis und Theorie Begriffsüberschneidungen und -entstellungen und damit zwangsläufige Unklarheiten. Mit Recht wurde die Forderung nach Klärung, Verbesserung bzw. Ersatz der alten Bezeichnungen und Begriffe laut. Die bisherige Diskussion hat mit ihrer thematischen Erweiterung eine Reihe grundsätzlicher Fragen zur Erörterung gestellt. Ich möchte nur auf einige hinweisen:

Da ist zunächst die von den englischen Geologen um „Inst. Min. and Metall." zuerst getroffene Unterscheidung der Begriffe „reserves" und „resources", die später von dem amerikanischen Geologenkreis um LASKY und BLONDEL präzisiert wurde[1]).

Da ist ferner die Erörterung der Begriffe Erz und Erzvorräte und ihre exakte, allgemein für Berechnungen verbindliche Definition.

Da sind weiter die gewichtigen Faktoren wie Bauwürdigkeit, Gewinnbarkeit und Vorratswürdigkeit. Es fehlt ihre strenge Definition. Zu bestimmen ist ihre Stellung und Rolle in der Vorratsklassifikation.

Nach wie vor steht ferner die Sicherheit oder Zuverlässigkeit der Vorräte im Mittelpunkt des Interesses. Durch welches Kriterium soll sie bestimmt werden? Wie gemessen, wie ausgedrückt werden? Welche Stellung soll sie in der Klassifikation einnehmen? Damit eng verbunden ist die wissenschaftliche Begründung und Festlegung von Toleranzen. Brauchen wir sie überhaupt? Können sie überhaupt heute exakt festgelegt werden? Oder muß das notgedrungen eine Sache subjektiver Färbung bleiben?

[1]) Verfasser muß sich berichtigen: LASKY (1945) und BLONDEL (1953) trafen diese Unterscheidung noch vor den englischen Geologen.

In die Aussprache über die Klassifikation reicht die Erörterung der Berechnungsgrenzen. Von den DDR-Geologen wird stark der Unterschied zwischen Vorratsberechnung und Vorratsschätzung hervorgehoben. Das erfordert eine Untersuchung der Beziehungen zwischen Methodik der geologischen Erkundung und Vorratsklassifikation.

Die englischen Geologen haben kürzlich besonders die persönliche Verantwortung des Geologen für gemachte Angaben unterstrichen. Wahrscheinlich wird es notwendig sein, mindestens für einige Länder die Klassifikation und Berechnung von Lagerstättenvorräten auch im Hinblick auf den Auftraggeber zu überprüfen, d. h. unter dem Gesichtspunkt, für wen die Berechnungen bestimmt sind.

Alle diese Fragen sind zu klären neben den Hauptfragen, zu denen wohl gehören:

1. Brauchen wir eine oder zwei gleichzeitig geltende Klassifikationen?

2. Brauchen wir zwei, drei oder fünf, sechs Vorratsklassen (Kategorien)?

3. Welche Bezeichnungen sollen diese Klassen erhalten?

Schon diese Hinweise charakterisieren die Vielseitigkeit und Schwierigkeit des zur Aussprache gestellten Themas. Selbst der größte Optimist wird daher von dieser Tagung keine abschließende Lösung erwarten. Daher sei es auch mir gestattet, mich nur zu einigen Fragen zu äußern, zumal meine Auffassungen zur Bauwürdigkeit, zu den Beziehungen zwischen Erkundungsmethodik und Vorratsklassifikation u. a. aus Veröffentlichungen bekannt sind.

Ich möchte mich auf folgende Punkte beschränken:

1. Auf die vorgeschlagenen Begriffe „reserves" und „resources".

2. Auf die Frage der Zuverlässigkeit und dabei die Toleranzen berühren.

3. Auf wünschenswerte Ergänzungen bzw. Verbesserungen der DDR-Klassifikation.

I.

Die Unterscheidung von „reserves" und „resources" wurde m. W. zuerst von den englischen Geologen der „Inst. Min. a. Metall." getroffen[2]). Ich nenne nur die Namen TAYLOR, RICHARDSON, JUNNER, WYNNE u. a. Von diesen Herren, wie auch von LASKY und BLONDEL, wurde das mit drei Hauptargumenten begründet:

1. Es gibt zwei verschiedene Betrachtungsweisen des Vorratsproblems — eine geologische und eine ökonomische.

2. Es handelt sich um zwei verschiedene Maßstäbe — einmal eine einzelne Lagerstätte, das andere Mal ein ganzer Industriezweig, ein ganzes Gebiet oder Land.

3. Verschiedene Zweckbestimmtheit der Vorratsangaben — einmal betriebliche Zwecke, das andere Mal volkswirtschaftliche.

Wenn diese Ausgangspunkte weiter verfolgt werden, tauchen neue, die Sache komplizierende Momente auf:

[2]) s. Anm. [1])

Was kann man z. B. heute darüber sagen, wie sich in weiter Zukunft einmal die Bauwürdigkeitsgrenzen verschieben werden? Wo sind Lagerstättenteile einzugruppieren, die heute zwar unbauwürdig, jedoch in ihren Eigenschaften völlig bekannt sind? Kann man sie auf eine Stufe mit Vorräten noch nicht entdeckter Lagerstätten stellen, von denen man noch gar nichts weiß? Trifft es zu, daß erkundete Vorräte (RICHARDSON spricht von proved-Vorräten) infolge krisenhaften Preissturzes zu Vorräten werden, die weder zu den „reserves" noch „resources" gerechnet werden können, da sie sich in „wertloses Mineral" verwandelt haben?

Um den Stier bei den Hörnern zu packen: die von LASKY-BLONDEL in „Econ. Geol." gegebenen Definitionen und Gleichungen für reserves und resources kann ich nicht akzeptieren; die Definition BLONDELs in seinem Vortrag in Westberlin ist dagegen durchaus annehmbar für mich. Herr BLONDEL sagte dort:

„Um Verwechslungen zu vermeiden, schlagen wir vor, ‚reserves' nur im ersten Falle, also für eine einzelne Lagerstätte zu gebrauchen; für ein Gebiet schlagen wir vor statt ‚reserves', ‚resources' zu verwenden."

Diese Definition ist wegen ihrer allgemeinen Fassung annehmbar: Sie legt nicht fest, was unter „reserves" zu verstehen ist, d. h. welche Vorräte der *Lagerstätte* nicht als „reserves" geführt werden dürfen.

Wir Geologen der DDR rechnen bekanntlich zu den Vorräten einer Lagerstätte auch solche, die infolge schwacher Erkundung nur in den beiden C-Kategorien geführt werden können. LASKY, BLONDEL und viele englische Geologen vertreten einen anderen Standpunkt. Die Meinungsverschiedenheiten gehen sachlich auf unterschiedliche Auffassungen darüber zurück, welche tatsächlichen Unterlagen für die Einstufung der Vorräte vorliegen müssen. Hier wird die Beziehung der Vorratsklassifikation zur Erkundung offensichtlich. Aus unserer Haltung in dieser Frage — über welche ich, wie gesagt, nicht sprechen will — ergeben sich einige nicht unwichtige Besonderheiten:

1. Da ist nach m. M. zunächst der enorme Unterschied zwischen Vorratsberechnung und -schätzung, obwohl beide Begriffe häufig als Synonyme gebraucht werden. Selbstverständlich will ich nicht die triviale Tatsache leugnen oder berühren, daß ohne gewisse Rechenarbeit auch eine Schätzung nicht gemacht werden kann. Ich möchte an diese Frage unter dem Blickwinkel der Realität der Vorräte herangehen.

Eine Berechnung in unserem Sinne kann nur für einen vorhandenen und mehr oder weniger untersuchten Erzkörper vorgenommen werden. Umfang und Zuverlässigkeit der tatsächlichen Unterlagen bestimmen nicht nur die mögliche Fehlerspanne, sie sichern vor allem das Vorhandensein der Vorräte. Was nicht vorhanden ist, kann auch nicht berechnet werden. Alle berechneten Vorräte einer Lagerstätte, soweit sie den Mindestbedingungen von Bergbau und verarbeitender Industrie entsprechen — Toleranzen hier zunächst unbeachtet — sollten nach meiner Meinung als „reserves" bezeichnet werden.

Überall dort, wo keine oder sehr unsichere Unterlagen vorliegen, wo lediglich angenommen werden kann, daß sich in der Erde Erzvorräte vorfinden, kann nichts berechnet werden, müssen an die Stellen von Berechnungen Schätzungen treten. Neben der größenmäßigen Bestimmung solcher Vorräte ist vor allem ihre Realität, ihr Vorhandensein äußerst unklar und umstritten. Sie *können* vorhanden sein, denn sonst dürften sie nicht einmal geschätzt werden. (Ihre Schätzung setzt somit auch einige, allerdings wenige tatsächliche Hinweise voraus.)

Solche Vorräte *können* jedoch auch nicht vorhanden sein, ohne daß dem Gutachter oder Bearbeiter Nachlässigkeit oder übermäßiger Optimismus vorgeworfen werden könnte.

Wir könnten folglich wie FENNELL die Erze in „proved" und „unproved" einteilen; allerdings möchte ich das lieber ins Deutsche mit „erkundet" und „nichterkundet" übernehmen. Dieser enorme Unterschied für die beiden Gruppen müßte auch in der Bezeichnung der Vorräte zum Ausdruck kommen:

Erkundete und berechnete würde ich einfach „Vorräte" nennen. *Nichterkundete und geschätzte* würde ich in Anlehnung an die sowjetische Praxis mit „prognostische Vorräte" bezeichnen.

Die Summe beider Vorratsgruppen würde ich, um Verwechslungen zu vermeiden, nicht wie Herr Dr. REH Gesamtvorräte sondern „Ressourcen" nennen. Dieses ungewöhnliche Wort würde auf die ungewöhnliche Addition von erkundeten und vorausgesagten Vorräten hinweisen.

Ohne auf Einzelheiten einzugehen, möchte ich am Rande bemerken, daß n. m. M. zu erkundeten Vorräten auch extrapolierte gehören, wenn die Extrapolation durch vernünftige Vorschriften nicht zu einer Sache der Phantasie und subjektiver Auffassungen wird. Oberstes Kriterium kann und darf nur der Umfang unseres Wissens über die Vorräte sein. Unser Wissen hängt vom Umfang und der Qualität der gesammelten Einzeldaten ab, d. h. von der Anzahl und der Art unserer Beobachtungen. Die Anzahl der notwendigen Beobachtungen für ein beliebiges Lagerstättenmerkmal ist jedoch eine fast ausschließliche Funktion der Veränderlichkeit des untersuchten Merkmals.

2. Im Zusammenhang mit „reserves" und „resources" möchten die englischen Geologen unterscheiden zwischen Vorratszahlen für den Hausgebrauch, d. h. für die technischen Leiter der Gesellschaften, und Vorratszahlen für Veröffentlichungen in den Gesellschaftsberichten. Sie haben hierzu sogar den Begriff des „offiziellen" Erzes geprägt. Obwohl ich als Geologe mit „offiziellem" und „inoffiziellem" Erz nichts anfangen kann, möchte ich über diesen Standpunkt nicht urteilen. In der DDR ist eine solche Unterscheidung nach meiner Überzeugung jedoch nicht notwendig. Bei uns wird vom Geologen eine möglichst genaue und eindeutige sowie umfassende Darstellung der Vorratslage gefordert. Diese genauen Angaben braucht sowohl der Betrieb als auch die Operativplanung der Staatlichen Plankommission. Beide Interessenten brauchen Vorratsberechnungen, die ihren konkreten Entscheidungen zugrunde gelegt werden können und daher verläßlich sein müssen. Mit Vorratsschätzungen der oben bezeichneten Art muß dagegen notgedrungen die Perspektivplanung der Staatlichen Plankommission arbeiten. Muß — weil ohne Erkundung andere Daten kaum vorliegen können.

Hinsichtlich der „reserves" (Vorräte) gibt es somit zwischen Ost und West beträchtliche Meinungsverschiedenheiten; hinsichtlich der „resources" (Ressourcen) stimmen wir überein.

3. Was das Nebeneinander von zwei Klassifikationen betrifft, so hat im Westen diese Forderung wohl zuerst Dr. JUNNER erhoben. Er sagte lt. Transaction:

„Wenn keine für Bergingenieur und Geologen brauchbare Übereinkunft erzielt werden kann, wird man zwei Definitionen sowohl für ‚Erz' wie für ‚Erzreserven' brauchen und zwei getrennte Klassifikationen der Vorräte (reserves): eine recht starre für den Bergingenieur und eine elastischere, so eine wie die amerikanische, für den Geologen."

Ein äußerlich ähnlicher Vorschlag war von mir während der Arbeitstagung zur Beratung der DDR-Klassifikation am 6. 5. 1956 in Leipzig gemacht worden. Dort hatte ich lt. Protokoll gesagt:

„Es besteht völlige Übereinstimmung der Auffassungen darüber, daß der Bergbau für seine Vorratsberechnungen gleichfalls eine einheitliche Grundlage und Nomenklatur braucht. Wir dürfen jedoch den gewaltigen Unterschied nicht übersehen, der zwischen einer allgemeinen Vorratsklassifikation und einer besonderen bergmännischen Klassifikation besteht, welche Grundlage für die Berechnungen bei Betriebsplanungen sein kann und muß. Offensichtlich müssen sich beide auch in ihren leitenden Prinzipien unterscheiden. Wenn der Erkundungs- und Forschungsgrad darüber entscheidet, ob Vorräte der Industrie zur Nutzung übergeben werden können, entscheidet z. B. die Greifbarkeit der Vorräte über die Möglichkeit, eine geforderte Förderung zu leisten, d. h. den Plan zu erfüllen."

Es handelt sich somit nur um eine geringe Ähnlichkeit beider Vorschläge. Während Dr. JUNNER so etwas ähnliches wie Koexistenz der alten Standarddefinition für den Bergmann und der USA-Klassifikation für den Geologen vertritt, forderte ich *eine* allgemeinverbindliche Vorratsklassifikation mit einer ergänzenden bergmännischen als innerbetriebliche, untergeordnete Angelegenheit. Diese nimmt eine Umgruppierung der Klassen A_1 bis C_1 vor und teilt sie z. B. in ausgerichtete und vorgerichtete ein; die vorgerichteten könnten wiederum in aktive (greifbare) und passive (z. Z. in Sicherheitspfeilern usw. gebunden) unterteilt werden. Von einer echten zweiten Klassifikation — etwa im Sinne JUNNERs — kann somit bei unserem Vorhaben nicht gesprochen werden. Auch die vorgeschlagene Einführung der „prognostischen Vorräte" macht keine zweite Klassifikation notwendig. Dafür ist die Einführung einer neuen Kategorie ausreichend.

Ich halte es für unzweckmäßig, etwa in Anlehnung an den Vorschlag von Prof. PETRASCHECK eine Dreiteilung der C-Vorräte vorzunehmen. Auf Grund der Eigenart der prognostischen Vorräte — ihre große Unsicherheit, ihre Schätzung statt Berechnung, ihre wissenschaftliche Voraussage statt Nachweis durch geologische Erkundung — sollte ein neuer Buchstabe D als Bezeichnung eingeführt werden, damit sie sich auch hierdurch aus den übrigen Vorräten herausheben.

II.

Einige Bemerkungen zur Sicherheit und den Toleranzen. Der interessanteste bisher im Westen veröffentlichte Versuch einer exakteren Fassung dieser Begriffe ist m. E. die Studie von Herrn Dr.-Ing. JAHNS. Herr JAHNS ist bei diesem Versuch allerdings hinter den Forderungen von Herrn BLONDEL in Westberlin zurückgeblieben.

Herr BLONDEL hält es für notwendig, daß eine „wirkliche Wahrscheinlichkeitstheorie der Erkundung" ausgearbeitet wird. Er verlangt die Aufspürung „des Verteilungsgesetzes der Merkmalwerte" einer Lagerstätte und deutet die Schwierigkeiten an, die sich für die Anwendung der Wahrscheinlichkeitstheorie auf die Erkundung von Lagerstätten ergeben.

Mit Befriedigung kann ich mitteilen, daß an diesen Fragen in der DDR bereits seit längerer Zeit gearbeitet wird. Selbstverständlich sind wir nicht der Meinung, daß wir sie bereits gelöst oder entschieden haben. Das ist weder eine kleine noch leichte Aufgabe und bedarf daher der Mitarbeit vieler Kollegen, bedarf vor allem Zeit. Wir empfinden jedoch eine gewisse Genugtuung darüber, daß wir als deutsche Geologen nicht hinter der Entwicklung hertrotten, sondern in einer Reihe mit hervorragenden Geologen aus Ost und West um neue Wege und Lösungen ringen.

Erst wenn diese theoretischen Vorarbeiten zu einem gewissen Abschluß gebracht sind — dazu sind sicherlich nicht weniger als zwei Jahre notwendig — können nach meiner Meinung die wichtigen Probleme der Zuverlässigkeit und der Toleranzen auf exakt wissenschaftliche Weise gelöst werden.

Es ist versucht worden, die Sicherheit der Vorräte durch Einführung von Toleranzprozenten und zusätzlichen Normen für die Einhaltung der Toleranzen zu bestimmen (JAHNS). Meine kritischen Bemerkungen zu diesem Entwurf sind den mit dieser Arbeit betrauten Herren zugegangen. Ich beschränke mich daher lediglich auf einige ergänzende Bemerkungen.

1. Die zunehmende Unzuverlässigkeit wird bei jeder Klassifikation an sich schon in den Bezeichnungen ausgedrückt. Die quantitative Festlegung der Ungenauigkeit in Form von Toleranzen ist *heute* eine grobe, subjektiv beeinflußte Schätzung, der jede wissenschaftliche Begründung fehlt.

Generelle Toleranzen für jede Klasse müßten doch irgendwie aus den Toleranzen der Einzeluntersuchungen abgeleitet werden. Noch kann heute keiner eine solche exakte Verbindung in Form einer mathematischen Gleichung vorschlagen. Die Theorie der Toleranzen ist in der Mathematik selbst noch viel zu schwach ausgearbeitet.

Von einigen Geologen wird die Klassentoleranz als Summe der Toleranzen bei der Bestimmung von Fläche, Mächtigkeit, Gehalt, Raumgewicht usw. aufgefaßt. Was ist das für eine Summe? Aus der Fertigungsindustrie ist bekannt, daß bei der Montage z. B. eines Mechanismus aus 9 gleich langen, aneinandergereihten Einzelteilen die Gesamttoleranz nur $^2/_3\%$ beträgt, wenn die jeweilige Einzeltoleranz des Teiles 2% ausmacht. Ist dieses Gesetz auch für die Lagerstätte gültig? Wohl kaum, sonst würden die Einzeltoleranzen selbst für die proved-Vorräte unerträgliche Ausmaße erreichen.

Andere Forscher — so z. B. viele sowjetische — erblicken in der Gesamttoleranz die pythagoreische Summe der Einzeltoleranzen für die Hauptparameter wie Fläche, Mächtigkeit usw. Eine solche Auffassung ist ebenfalls nicht einwandfrei, da so im günstigsten Falle nur die technischen Fehler, nicht aber die Repräsentationsfehler der Erkundungsdaten berücksichtigt werden. Außerdem kann auf diesem Wege nur die Ungenauigkeit eines bestimmten Resultats festgelegt werden, nicht aber eine allgemeine Toleranz für alle Fälle, unabhängig von den natürlichen und erkundungstechnischen Besonderheiten des Falles.

Damit berühren wir das entscheidende Moment: ist es praktisch überhaupt möglich, durch eine starre Prozentziffer die wechselnde Einwirkung aller Faktoren auf die verschiedenen Mineralarten und Lagerstättentypen zu erfassen. Vorläufig möchte ich diese Frage verneinen.

Übrigens ist es ein Irrtum, zu glauben, daß durch Toleranzen die Genauigkeit der Rechnung verbessert wird. In manchen Fällen verbessern sie lediglich formal die Lage des Geologen, wenn es Unstimmigkeiten gibt. Moralisch gewinnt er kaum. Mir sind aus keinem Lande Mitteilungen darüber bekannt, daß mit Toleranzen gute Erfahrungen für die Industrie gemacht wurden.

2. Ein Vorschlag der sowjetischen Geologen läuft darauf hinaus, die Erkundungsergebnisse durch den

Abbau zu kontrollieren und aus den empirischen Werten allgemeingültige Normen zu erhalten. Das ist praktisch nicht leicht durchzuführen und verspricht keine rechtzeitigen Daten. Denn wenn die Erkundung gegenwärtig oft mehrere Jahre dauert, so ist klar, daß der Abbau meist viele Jahrzehnte umgeht. Ganz abgesehen davon, daß die Erkundungs- und Abbaugrenzen nur selten übereinstimmen, die exakte Erfassung der Verluste nicht immer möglich ist. Ebenfalls ungenau ist der Vergleich gegenwärtiger Förderziffern mit früheren Vorausberechnungen der Geologen. Denn nur in den seltensten Fällen sind Lagerstätten in der Vergangenheit so erkundet worden, wie es heute zur Eingruppierung in die Klassen verlangt wird.

Damit soll nichts gegen die Notwendigkeit gesagt werden, derartiges Material zu sammeln und zu studieren. Entsprechende Arbeiten werden in der DDR schon durchgeführt. Ich möchte nur vor zu großen Erwartungen warnen.

Was kann unter diesen Umständen *heute* hinsichtlich der Toleranzen vorgeschlagen werden? Lassen Sie mich erklären, wie wir in der DDR vorgegangen sind:

1. Für alle Vorratsklassen sind strenge, trotz ihrer allgemeinen Fassung sehr vielseitige Forderungen formuliert worden. Nur bei Erfüllung *aller* — nicht nur bei Erfüllung der 2-, 3- oder 4seitigen Umfahrung, das sei besonders hervorgehoben — dürfen sie den entsprechenden Klassen zugewiesen werden.

2. Bei Erfüllung dieser Vorschriften ergibt sich für die Klassen A_2 bis C_1 im Hinblick auf die Mengenangabe ungefähr die gleiche Ungenauigkeit von maximal 10%. Diese Klassen unterscheiden sich folglich voneinander nicht durch die Genauigkeit der Mengenangaben, sondern

a) durch die Genauigkeit der Aussage über Verteilung und Lagerung im Raum, bergtechnische und z. T. technologische Angaben;

b) durch die Detailliertheit dieser Aussage: bei A_2 gilt sie für einen Abbaublock; bei C_1 für einen größeren Lagerstättenteil oder die ganze Lagerstätte.

3. Da die Ungenauigkeit der Mengen praktisch einheitlich für alle Klassen ist, für die anderen Faktoren jedoch Ziffern nicht gegeben werden können, kennt die DDR-Klassifikation keine Toleranzen.

Wahrscheinlich wird diese Mitteilung auf Unglauben und Widerspruch stoßen, weil die alten Bezeichnungen sicher, wahrscheinlich und möglich die Vorstellung erwecken, daß der eine — ausgeblockte — Vorrat sicher vorhanden ist, während der nicht ausgeblockte unsicher und nur „möglich" ist. Wenn eine Toleranz für ausgeblockte Vorräte in Höhe von 10% als einhaltbar sogar von den englischen Geologen angenommen wird, wird das für die großen C-Blöcke geleugnet. Das beruht nicht zuletzt auf der irrigen Vorstellung, als ob der Geologe bei seinen Berechnungen für solche Vorräte sich stets und ausschließlich nur im negativen Sinne irre. In Wirklichkeit gleichen sich die Abweichungun weitgehend aus, so daß auch für solche Vorräte die angegebene Abweichung eingehalten wird. Die Praxis zeigt, daß sich das Gesetz der großen Zahlen in den Vorratsangaben auswirkt.

Und noch eins. Jeder von uns weiß, daß ein umfahrener Vorratsblock in seiner Mitte vertaubt sein kann, d. h. ausgeblockte Vorräte nicht garantiert vorhanden sein *müssen*. Ebenso ist bekannt, daß durch Bohrungen festgestellte Vorräte nicht zwangsläufig unsicher und nur möglich sein müssen. Bisher haben diese Tatsachen nur den Ruf nach Toleranzen verstärkt. Wir haben in der DDR darauf anders reagiert: nicht der Aufschluß entscheidet, sondern das Wissen über die Vorräte. Doch damit berühre ich wiederum die Beziehung der methodischen Erkundung zur Vorratsklassifikation, die ich nicht behandeln will.

Zum Schluß noch eine Bemerkung: Entsteht nicht durch das Fehlen von Toleranzen die Gefahr, daß die Vorräte der verschiedenen Klassen addiert werden und von nicht fachmännischer Seite unsachgemäß mit der Vorratszahl operiert wird? Das soll vorkommen. Pflaumen und Birnen soll man ja auch nicht addieren. Wenn es jemand doch tut und sagt, er habe 3 Pfund Obst, so ist das nicht einmal falsch. Ähnlich ist es mit den Vorräten. Wenn die Bedeutung der einzelnen Klassen dabei beachtet wird, möchte ich nicht einmal Einwendungen erheben. Diese scheinbare Leichtfertigkeit findet ihre Erklärung in einer Besonderheit der DDR-Klassifikation: Die Bedeutung der einzelnen Vorratsklassen für das Wirtschaften mit diesen ist recht hart festgelegt. Wenn bei C_2-Vorräten offiziell festgelegt ist, daß sie nur dazu berechtigen, Aufwendungen für geologische Erkundung zu machen, kann keiner auf den Gedanken kommen, auf ihrer Basis einen Betrieb zu errichten. Bei C_1-Vorräten darf das nur mit ausdrücklicher Zustimmung der ZVK und Genehmigung der Staatlichen Plankommission erfolgen, wobei außerdem gewisse Eigenschaften der Vorräte weitgehender, als für C_1 vorgesehen, erkundet sein müssen. Diese Sondergenehmigung mußte vorgesehen werden, weil in bestimmten Lagerstätten eine eingehendere Erkundung unrationell und unwirtschaftlich wäre.

Es sei noch auf einen Umstand hingewiesen, der das Verständnis für unsere Arbeitsweise und unsere Klassifikation fördert. In den USA, England, kurz in den Ländern des Westens ist eine Klassifikation lediglich eine Sache der Einteilung. Gesucht werden einheitliche Begriffe, die klar und für die Praxis geeignet sein sollen.

Bei uns in der DDR — wie in allen Ländern der Planwirtschaft — ist eine Klassifikation viel mehr. Sie ist ein ordnendes und zugleich organisierendes Prinzip für den Betrieb wie für die ganze Volkswirtschaft. Unsere Klassendefinitionen bestimmen, was zu einer Eingruppierung in eine bestimmte Klasse benötigt wird. Zugleich ist dies eine Direktive für den Erkundungsgeologen, ein bestimmtes Erkundungsprogramm durchzuführen, wenn z. B. ein B-Vorrat entstehen soll. Der Betrieb wie auch die Plankommission erhalten durch die klassenmäßige Zusammensetzung der Vorräte (wir nennen das „organische Zusammensetzung der Vorräte") Hinweise, wo und wieviel Mittel für Erkundungsarbeiten eingesetzt werden müssen, damit ein normaler Vorlauf in der Industrie vorliegt.

Die volkswirtschaftliche Bedeutung der Vorräte und ihre Festlegung in der DDR-Klassifikation ist daher ein wesentlicher Bestandteil der Klassifikation selbst. Diese Bestimmungen sind natürlich kein Dogma. Sie passen sich über die Instruktionen den Lagerstättengegebenheiten an.

III.

Die DDR-Klassifikation ist das Resultat konzentrierter Bemühungen einer großen Zahl Geologen, Bergleute und Wirtschaftler. Obwohl sie sicher nicht makellos ist, war es das Beste, wozu wir 1956 in der Lage waren. Kritische Bemerkungen und Hinweise unserer westdeutschen Kollegen werden dazu beitragen, sie noch besser zu formulieren. Denn Vorratsklassifikationen —

das beweist die gegenwärtige Diskussion – müssen, wenn sie den Veränderungen in Industrie und Wirtschaft entsprechen sollen, von Zeit zu Zeit überprüft und den eingetretenen Veränderungen angepaßt werden.

Ich selbst halte eine zukünftige Ergänzung bzw. Verbesserung der DDR-Klassifikation in folgenden Teilen für wünschenswert:

1. Einführung einer neuen Kategorie D – „prognostische Vorräte".
2. Nach erfolgreicher theoretischer Ausarbeitung die Einführung
   a) eines Maßes für den Erkundungsgrad;
   b) eines quantitativen Maßes der in den Kategorien enthaltenen Unsicherheiten (wenn das wider Erwarten möglich sein sollte).
3. Ausarbeitung einer bergmännischen Klassifikation, welche der allgemeinen Vorratsklassifikation untergeordnet sein muß.

*

Wenn diese Tagung dazu beiträgt, nicht nur das Gefühl der Zusammengehörigkeit der Geologen aus Ost und West zu festigen, sondern auch die Zusammenarbeit zwischen uns zu vertiefen, kann mit Gewißheit erwartet werden, daß die deutschen Geologen auch auf diesem Gebiete eine der deutschen Wissenschaft würdige Rolle spielen werden.

Die Möglichkeiten makropaläobotanischer Untersuchungen für die Erkundung der Braunkohle

TILO NÖTZOLD, Berlin

Die folgenden Ausführungen sind das Konzentrat eines Vortrages unter Berücksichtigung der Diskussionsbeiträge, der am 22. 11. 1957 im Wissenschaftlich-Technischen Kabinett der Staatlichen Geologischen Kommission, im Rahmen der Vortragsfolge „Die Braunkohlenerkundung der Staatl. Geolog. Komm.", gehalten wurde. Zweck des Vortrages war es, einem größeren Kreis von Geologen, der der paläobotanischen Disziplin ferner steht, einen Überblick zu geben, welche Untersuchungsmöglichkeiten sich dem Paläobotaniker in der Braunkohle heute bieten. Bei der zeitlichen Begrenzung der Kabinettsvorträge konnte nur ein genereller Überblick der Möglichkeiten, die für die Makropaläobotanik bestehen, gegeben werden. In diesem Sinne sollen auch die folgenden Zeilen verstanden werden. Sie sind ein Aufruf an die Kollegen, fossiles Material, das für eine Bearbeitung geeignet erscheint, dem Makropaläobotaniker zuzuleiten. Neue Erkenntnisse für den Fachkollegen können und sollen diese Ausführungen nicht bringen. Es sollen auch die Grenzen gezeigt werden, die uns gesetzt sind, denn nichts ist verhängnisvoller als die Überschäzung irgendeiner Untersuchungsmethode durch denjenigen, der seine eigene Methode für ein Dogma hält und dadurch womöglich die Schranken, die ihm gesetzt sind, nicht erkennt.

Dem deutschen Boden werden alljährlich viele Millionen Tonnen Braunkohle entnommen, deren Rohstoff von tertiären Pflanzen stammt. Die heutigen Braunkohlenlager sind aber nur kümmerliche Reste der Wälder der Tertiärzeit. Schon der deutsche Botaniker VALERIUS CORDUS, der 1544 in Rom verstarb, hatte den Ursprung der Braunkohle erkannt. Später wurden die merkwürdigsten und phantastischsten Meinungen über die Herkunft der Braunkohle geäußert. Erst seit JOHANN JAKOB SCHEUCHZER (1672–1733) sind sich die Naturforscher darüber einig, daß die Braunkohle aus pflanzlichen Resten entstand. Die Untersuchung der pflanzlichen Organe, die in der Braunkohle, in den Zwischenmitteln und den begleitenden Sand- und Tonschichten erhalten sind, gibt uns Auskünfte über Alter, Verbreitung, Art und Qualität und eventuell Mächtigkeit der Braunkohle, sowie über die klimatischen Verhältnisse bei der Entstehung derselben. Aber hier taucht bereits eine große Schwierigkeit auf. Der Paläontologe, wenn ich einmal vom Wirbeltierpaläontologen absehen darf, hat häufig ein ganzes fossiles Tier in seinen Skelettelementen vorliegen, oder er kann mit Hilfe der vergleichenden Anatomie den Rest bestimmen. Wir können es aber schon als Wunder bezeichnen, wenn wir einmal eine ganze Pflanze mit allen ihren Organen finden. Das liegt schon daran, daß die einzelnen pflanzlichen Organe in jahreszeitlicher Folge ausgebildet werden, bei der Einbettung aber nur der jeweilige Wuchsstand fixiert wurde. Eine Methode, die der vergleichenden Anatomie im Tierreich entspricht, gibt es nicht. Auf der anderen Seite sind die Paläobotaniker aber auch in einem gewissen Vorteil gegenüber den Paläozoologen, wenn es sich um die Erforschung des Neophytikums handelt, denn die allernächsten Verwandten der Gewächse dieses Erdzeitalters leben heute noch, wenn sie auch häufig nicht mehr bei uns beheimatet sind. Es handelt sich meistens um Pflanzengesellschaften Kleinasiens, Kaukasiens, Ostasiens und des atlantischen Nordamerika. Wir können somit Organvergleiche, Vergleiche des Lebensraumes dieser Pflanzen, ihrer Standortbedingungen und der klimatologischen Verhältnisse anstellen. Gerade die Standortbedingungen der heutigen Verwandten geben Aufschluß über die Entstehungsverhältnisse unserer Braunkohlenlager. Da wir die nächsten Verwandten der Braunkohlenflora noch vor uns haben, ja einige Arten eventuell die gleichen geblieben sind, haben wir die wissenschaftliche Berechtigung, ein derartiges Vergleichsverfahren anzuwenden. An dieser Stelle möchte ich gleich betonen: es geht nicht an, daß wir an Hand einzelner Pflanzenarten oder gar einzelner Pflanzenorgane den Beweis für irgendeine Tatsache oder Theorie als gegeben erachten! So stößt beispielsweise die Frage nach dem Klima bei der Entstehung der Braunkohle auf eine recht rätselhafte Tatsache. Wir finden Pflanzen in der Braunkohle, deren heutige Verwandte ein ausgesprochen tropisches Regenwaldklima beanspruchen, wie *Ficus*-Arten, also tropische Feigen- und Gummibäume, sowie alle Blattfossilien mit sogenannten Träufelspitzen, neben Blättern, die deutlichen Hartlaubcharakter haben. Letztere sind beispielsweise heute den Gewächsen des Mittelmeerklimas, unter anderen den Lorbeergewächsen, eigen.

Bei der Frage nach den Bodenverhältnissen wird es noch schwieriger, und gerade diese Frage ist von ausschlaggebender Wichtigkeit für die Bildungsbedingungen der Braunkohle. Hatte der Boden Moorcharakter oder war er wesentlich trockener, so daß auch eine andere entsprechende Vegetation gedeihen konnte? Es finden sich ausgesprochene Wasserpflanzen, z. B. das Teichrosengewächs *Brasenia*, ferner Bäume, die einen sehr feuchten Standort lieben, wie *Nyssa* (Sumpftupelo), *Glyptostrobus* (Wasserfichte), *Taxodium* (Sumpfzypresse), neben *Sequoiadendron* (kalifornischer Mammutbaum) und *Metasequoia*, die einen wesentlich trockeneren Standort vertragen. Will man diese verschiedenen Tatsachen miteinander vereinigen und vor allem eine einzige gültige Theorie aufstellen, so muß man gewagte Schlüsse ziehen. So entstanden nach den Gesichtspunkten der Paläobotanik verschiedene Theorien über die Entstehung der Braunkohle.

A. Die *Swamp-Theorie* von HENRY POTONIÉ.

Aus dem Vorkommen der Verwandten oder gar der gleichen Arten unserer heutigen Gewächse, wie *Taxodium distichum* (Sumpfzypresse), *Chamaecyparis* (Weißzeder), *Nyssa* (Tupelo) und *Liquidambar* (Amberbaum), die heute vergesellschaftet in den Zypressen-Swamps des atlantischen Nordamerika vorkommen, schloß POTONIÉ auf den Flachmoorcharakter unserer Braunkohlenwälder. Dann traten GOTHAN, KRÄUSEL und andere auf und erschütterten diese Theorie mit der sogenannten

B. *Trockentorftheorie.* Dieser Name ist etwas unglücklich gewählt, denn zur Bildung von Torf gehört immer Feuchtigkeit. Er sollte nur besagen, daß die Torfbildung nicht unbedingt unter dem Grundwasserspiegel stattfand. GOTHANs Untersuchungen der Holzanatomie ergaben, daß die meisten Hölzer der Braunkohle gar nicht zu den Sumpfzypressen, sondern zu den Verwandten der *Sequoia sempervirens* (red wood) gehören. Die Beweiskraft der auch vorhandenen Taxodienhölzer suchte man dadurch abzuschwächen, daß man bei ihnen keine Atemwurzeln fand, die der virginischen Sumpfzypresse eigen sind. Man stellte die Taxodienhölzer in die Verwandtschaft der *Taxodium mexicanum* (mexikanische Zypresse), die einen wesentlich trockeneren Standort verträgt.

Damit hatte man eigentlich beide Theorien vereinigt. Die Braunkohle sollte sich am Boden dieser Wälder gebildet haben. Aber wenn sich dieser Torf erhalten und in Braunkohle umwandeln sollte, vor allem aber wenn man damit die große Mächtigkeit mancher Braunkohlenlager erklären wollte, mußte man eine baldige und schnelle Senkung unter den Grundwasserspiegel annehmen. Aber eine Senkung, die immer parallel zur Torfbildung erfolgte, denn eine Schwankung hätte zu Störungen in der Pflanzenökologie geführt, ist auch unwahrscheinlich. Der Fehler, den die Paläobotaniker begingen, war der, daß sie ausschließlich und allein auf jeweils eine der Theorien schworen. Jede dieser Theorien hat ihr Für und Wider. Es ist zu beachten, und dafür hat uns auch die tertiäre Pflanzenwelt die Beweise geliefert, daß sich das Klima im Laufe des Tertiär wesentlich änderte. Von der Kreide zum Miozän nahm die Temperatur langsam ab. Obwohl im Miozän noch Palmen, Zimt- und Lorbeerbäume bei uns heimisch waren, fehlen doch die *Ficus*-Arten (Feigen- und Gummibäume) völlig.

Bezüglich der Entstehung der Blättertone in unseren Braunkohlenschichten hat gerade jetzt THOMSON den Beweis erbracht, daß derartige Tone mit Blattlagen noch heute autochthon entstehen. Die *Papyrus*-Moore im nördlichen Natal befinden sich in der Nähe der Küste des Indischen Ozeans, vom Meere nur durch eine schmale Barriere getrennt. Es ist eine typische Moorregion mit einem erheblichen Bestand an *Cyperus*- (Riedgräsern) und *Papyrus*-Arten (Papierstauden). Bei einer Niederschlagsmenge von etwa 1500 mm je Jahr bringen die Flüsse zu Regenzeiten immer wieder große Schlammmengen zur Ablagerung. So entstehen unreine Tonlager, durchsetzt von Blattlagen.

Die Frage, ob die Braunkohlenlager autochthon entstanden sind, ist seit langem geklärt. Selbst wenn wir in der Braunkohle keine Stubbenhorizonte oder Wurzelböden finden, müssen wir eine autochthone Entstehung annehmen, denn die Einschwemmung derartig großer Pflanzenmengen hätte immer eine Verunreinigung durch größere Ablagerungen mineralischen Materials zur Folge.

Welche Möglichkeiten bieten die makropaläobotanischen Untersuchungen?

Der Hauptteil der Braunkohle wird von Hölzern, Rinden und Borken tertiärer Holzgewächse gebildet. Natürlich bestand die damalige Flora nicht allein aus Holzgewächsen, sondern auch krautige Pflanzen waren vertreten, aber bei der Inkohlung und Fossilisation erhielten sich die Hölzer mit ihrer größeren Widerstandsfähigkeit, die in histologischen Verhältnissen begründet ist, besser als die Kräuter. Die Holzreste der Braunkohle unterscheiden sich oft nur durch die braune oder fuchsrote Farbe von rezentem Holz. Im Laufe der Jahrmillionen wurde zwar durch hydrolytischen Abbau die Zellulose aus den Zellwänden gelöst und dadurch das Lignin (Holzstoff) angereichert. Aber diese Lignite, nach dem Lignin so genannt, zeigen noch die Zellstruktur, wie sie vor dem Absterben bestand. Wir können diese Hölzer schneiden und haben in der Mikrostruktur eindeutige Merkmale zur Bestimmung (Abb. 1). Häufig finden sich aufrechtstehende Wurzelstöcke und untere Stammteile der Bäume. Derartige Stubben sind natürlich ein sicheres Zeichen für die Autochthonie des jeweiligen Flözes. Durch den Einfluß von Humussäuren und durch Druck nahmen die Holzreste eine dunklere Färbung und einen gewissen Glanz an. Derartige Metalignite finden sich besonders in der Oberbayrischen Pechkohle, in den Braunkohlen des Vogelsberges und zum Teil auch in der Lausitzer Braunkohle. Reich an Ligniten ist die Lausitzer Kohle und das Niederrheinische Hauptflöz. Die Mitteldeutsche Braunkohle ist lignitarm. Die im mitteldeutschen Raume vorkommenden Holzreste sind meist sehr weich und zerfallen bei der Bergung. Die Lignitarmut dürfte auf einer

Abb. 1. Holzstruktur der *Pinus nigra* ARNOLD, 400× vergr.

starken Zersetzung bei der Flözbildung beruhen, denn verkieselte Hölzer beweisen, daß ursprünglich auch die Stämme unzerstört eingebettet wurden. Die Lignite der Braunkohle stammen meist von Nadelhölzern. Lediglich in den Mitteln und Begleitschichten finden sich Laubhölzer etwas häufiger. Man nimmt an, daß der stärkere Harzgehalt der Nadelhölzer für eine bessere Erhaltung während des Inkohlungsprozesses gesorgt hat. Da die Leitungsbahnen der Nadelhölzer nur von Tracheiden gebildet werden, sind derartige Reste sofort zu erkennen. Daß auch Laubgewächse am Aufbau der Kohle beteiligt sind, beweisen die anderen erhaltenen Organe wie Blätter, Früchte und Samen. In der Braunkohle haben sich nur die Hölzer von Laubbäumen in der Struktur erhalten, die ähnliche Sekretstoffe wie die Nadelhölzer führten, so die der *Lauraceae* (Lorbeergewächse) und *Ebenaceae* (Ebenhölzer) und andere. Es ist ja bekannt, daß die Ebenhölzer mit zu den härtesten und widerstandsfähigsten Hölzern gehören. Die fossilen Palmenstämme zeigen eine charakteristische Struktur und sind leicht zu bestimmen (Abb. 2). Die Wasser- und Stoffleitungsbahnen im Stamm der Palmen sind durch kräftige, bastähnliche Faserbündel verstärkt; diese erhalten sich besonders gut bei der Fossilisation. Erwähnen möchte ich noch die bekannten Kautschukrinden der Mitteldeutschen Braunkohle. Nach ihrer äußeren Beschaffenheit werden sie von den Bergleuten als „Affenhaare" bezeichnet (Abb. 3). Sie wurden von HEER zunächst als Reste von Palmen gedeutet. Die Zugehörigkeit zu Kautschukpflanzen hat später GOTHAN auf Grund der chemischen Analyse bestätigt. Der Milchsaft wurde durch Kohlenschwefel vulkanisiert. Die „Affenhaare" der Geiseltalkohle enthalten über 6% Schwefel; die der Kohle von Köthen etwa 2%. Im Zeitz-Weißenfelser Revier fanden sich ebenfalls „Affenhaare". Die botanische Herkunft der Kautschukröhren, die sich meist als verzweigte Fäden in der zusammengedrückten Rinde finden, ist noch ungeklärt. Es ist durchaus möglich, daß die Reste von verschiedenen Pflanzengattungen stammen, denn diejenigen des Geiseltales zeigen unterschiedliche Beschaffenheit. Kautschuksaft findet sich unter anderem bei den *Moraceae* (Maulbeergewächsen), *Euphorbiaceae* (Wolfsmilchgew.), *Sapotaceae* (Guttaperchabäumen) und bei den *Apocynaceae* (Hundstotgew.). (Demonstration an einem herbarisierten Blatt der *Eucommia ulmoides* OLIVER; der Kautschuk läßt sich noch in Fäden ziehen.)

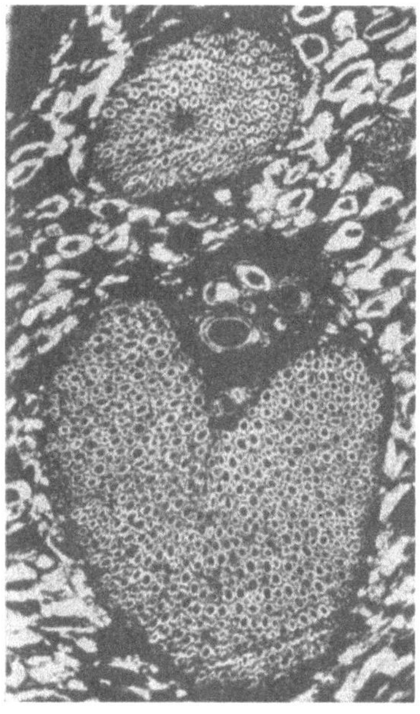

Abb. 2. Feinbau eines Palmenstammes aus dem Niederrheinischen Hauptflöz nach K. A. JURASKY, etwa 120 × vergr.

Blattreste zeigen sich dem Paläobotaniker im verschiedensten Erhaltungszustand. Vom erhaltenen Blatt mit der ursprünglichen organischen Substanz, über den Hohldruck, bis zum gesinterten Hohldruck finden wir alle Übergänge. Am günstigsten ist es, wenn das Blatt inkohlt, mit erhaltener Kutikula vorliegt. Die Kutikula ist ein glasklares Häutchen, das sich eng an die Epidermis (Außenhaut) anschmiegt. Sie besteht aus Kutin. Die Kutikula überzieht schon den Embryo im Samen, sie überzieht auch Haare und andere epidermale Gebilde von Sproß und Blättern, den Wurzeln fehlt sie jedoch gänzlich. Das dünne Häutchen läßt sich weder optisch noch mechanisch in einzelne Zellen zerlegen, da die Substanz praktisch wie ein Sekret von der Pflanze ausgeschieden wird. Obwohl das Wachstum der Kutikula durch immer neue Einlagerung von Kutin erfolgt, treten kaum Schwankungen in der Dicke des Häutchens auf. Der Chemismus des Kutins ist noch nicht sicher geklärt, und es gab lange Zeit heftige Diskussionen um dieses Problem. Aber soviel ist sicher zu sagen: Es handelt sich um eine Substanz, die eng verwandt mit dem Suberin ist, also dem Stoff pflanzlicher Korkgewebe, wie wir ihn von der Korkeiche her kennen. Allgemein gesagt ist es ein Wachs, also ein Fett. Aus diesem Grunde ist die Kutikula auch mit allen fettlöslichen Farbstoffen zu färben.

Die wichtigste Eigenschaft der Kutikula ist ihre äußerst geringe Durchlässigkeit für Wasser und Gase. Sie ist es also, die die Pflanze vor dem Austrocknen schützt. Außerdem erhöht sie die mechanische Widerstandsfähigkeit der Epidermis. Da sie direkt der Epidermis aufliegt, bildet sie deren Strukturen ab. Bei der Fossilisation ist sie widerstandsfähiger als das Zellgewebe der Pflanze. Nun sind aber einzelne Zellen der Blattunter- und -oberseite in steter Bewegung. Das ist vor allem beim Spaltöffnungsapparat der Fall. Da die

Abb. 3. „Affenhaare", Kautschukrinde aus der Braunkohle von Oberröblingen b. Halle, nach KIRCHHEIMER 1937, natürl. Größe

Kutikula selbst nur sehr geringe Elastizität besitzt, andererseits aber die Schließbewegungen der Spaltöffnungen mitmachen muß und auch die Basalteile von Haaren und anderen epidermalen Gebilden Druck und Zug ausgesetzt sind, besitzt die Kutikula häufig Fältchen. An den Stellen, wo die senkrecht zur Oberfläche stehenden Seitenwände der Epidermiszellen ansetzen, sind zuweilen kräftige Leisten und Keile von Kutin ausgebildet.

Es würde zu weit führen, die einzelnen Besonderheiten der verschiedenen Epidermisstrukturen in pflanzensystematischer Hinsicht aufzuzählen. Nur soviel sei gesagt, daß die einzelnen Pflanzengattungen und -arten eine ganz charakteristische Epidermisstruktur besitzen. Dadurch ist die exakte Bestimmungsmöglichkeit ge-

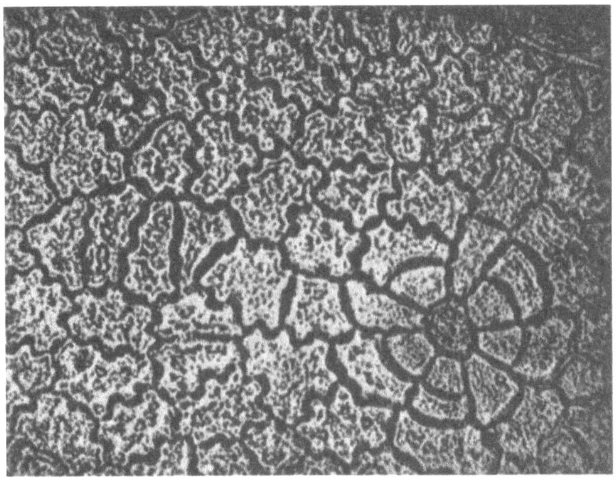

Abb. 4. *Viburnum tinus* L. Kutikula der Blattoberseite, 270× vergr. nach K. A. JURASKY

geben. Die wichtigsten diagnostischen Einzelheiten sind dabei die Gestalt und Größe des Spaltöffnungsapparates und der anderen Zellen, die Nebenzellen, das Verhältnis zwischen der Zahl der Epidermiszellen und der Zahl der Spaltöffnungen, bezogen auf eine bestimmte Größeneinheit der Blattoberfläche, ferner Haaransatzstellen und andere Epidermisgebilde; außerdem ist die Gestalt der Zellseitenwände wichtig. Dieses sind einige der wichtigsten Diagnosemerkmale, die im allgemeinen eine sichere Bestimmung des Fossils gewährleisten (Abb. 4).

In manchen Fällen ist es schwer, die Kutikula von der Unterlage abzulösen. Im allgemeinen überzieht man das Fossil mit einem Lackfilm und bringt dann mit geeigneten Reagenzien die Unterlagesubstanz, sei es nun Kohle oder mineralisches Material, zur Lösung. Der Verf. bevorzugt als Film die handelsübliche Kollodiumlösung nach DAB 6. Mit Geiseltallack wurden schlechte Erfahrungen gesammelt, da er in Mazerationsmitteln milchig wird. Kann man auf diese Weise die Kutikula nicht gewinnen, empfiehlt es sich, ein Verfahren zu versuchen, das KRÄUSEL entwickelt hat. Man trägt dabei auch den Film auf, bringt aber das Fossil nicht in Lösungs- oder Mazerationsmittel, sondern reißt den Film wieder ab. Kollodium platzt bei diesem Verfahren von selbst ab. Man hat dann einen Abdruck der Epidermisstruktur auf dem künstlichen Häutchen.

Die Methode, das ganze vom Film zusammengehaltene Blatt abzulösen, hat natürlich den Vorteil, daß man dann auch tiefer gelegene Zellschichten für Untersuchungen besitzt. Ein Kutikularnachweis wird heute als sicherste Bestimmung angesehen, aber häufig ist die Kutikula nicht erhalten. In der Braunkohle selbst sind die Blätter meist zerstört, aber wenn sich Blattreste finden, ist auch die Kutikula meist vorhanden. Häufiger finden wir Blätter in den Begleitschichten der Braunkohle, in den Zwischenmitteln und Blättertonen. Wenn das Einbettungsmedium gut durchlüftet und womöglich noch kalkig war, sind keine Kutikeln erhalten geblieben, selbst wenn das übrige Blattgewebe noch gut vorliegt. Das ist aber sehr häufig der Fall, ganz zu schweigen von den Abdrücken, wo überhaupt keine Blattsubstanz vorhanden ist. Wir müssen dann die Fossilien nach anderen morphologischen Eigenschaften bestimmen. Ist inkohltes Material erhalten, so läßt es sich fast in jedem Fall mit geeigneten Präparationsmethoden von der mineralischen Unterlage ablösen, ohne daß die Struktur zerstört wird. Die Bestimmung erfolgt nach den morphologischen Eigenschaften der Blattspreite, nach Randbeschaffenheit, Blattform und nach den Nervaturverhältnissen. Aber hier ergibt sich eine große Schwierigkeit. Wir kennen noch nicht einmal die genauen morphologischen Eigenschaften der rezenten Pflanzen, geschweige der fossilen. Das gleiche trifft auch für die Kenntnisse auf dem Gebiet der Kutikularanalyse zu. Hier hat die Rezentbotanik versagt. Fragen Sie einen Botaniker, er wird die schwierigsten pflanzenphysiologischen Dinge kennen, aber wie man Ahornarten, Platanenarten und Liqidambar an Hand der Blätter sicher unterscheiden kann, wird er nicht sagen können. Daher bleibt dem Makropaläobotaniker für das Neophytikum nichts anderes übrig, als erst einmal Vergleichsuntersuchungen an rezentem Pflanzenmaterial anzustellen. In den letzten Jahren wurden heftige Diskussionen in den Paläobotanikerkreisen geführt, wobei die Sachlichkeit nicht immer gewahrt blieb. Es ging um den Wert und die Genauigkeit von Blattanalysen. Der Verf. vertritt die Meinung, daß eine sichere

Abb. 5. Ähnliche Blattgestalten verschiedener Holzgewächse. Obere Reihe v. l. n. r. *Acer campestre* L. (Feldahorn), *Acer capadocicum* GLEDITZSCH, *Acer hybridum* (Kreuzung), *Acer miyabei* MAXIMOMICZ, *Acer monspessulanum* L. (Dreilappiger Ahorn), *Acer negundo* L. (Eschenahorn), *Acer palmatum* THUNBERG (Fächerahorn), *Acer platanoides* L. (Spitzahorn). 2. Reihe: *Acer pseudo-platanus* L. (Platanenahorn), *Acer rubrum* L. (Rotblütiger Ahorn), *Acer saccharum* MARSHALL, *Acer tataricum* L. 3. Reihe: *Platanus orientalis* L., *Platanus occidentalis* L., *Platanus acerifolia* (Kreuzung), *Liquidambar sryraciflua* L. (Amberbaum), *Liquidambar formosana* HANCE. Maßst. 1 : 7

Die Mastixoideen und Symplocaceen des deutschen Tertiär	Altenburg	Meuselwitz b. Altenburg	Regis b. Borna	Gr. Zössen b. Borna	Witznitz b. Borna	Fichtenhainichen u. Kröbern b. Altenbg.	Riestedt b. Sangerhausen	Zittau	Merka b. Bautzen	Wiesa b. Kamenz	Schmeckwitz b. Kamenz	Gohra b. Senftenberg	Kausche b. Spremberg	Kl. Leipisch b. Senftenberg	Gehren b. Luckau	Kaditzsch b. Grimma	Margaretenhütte / Bautzen	Hummersberg b. Zittau	Senftenberg	Plessa b. Senftenberg	Grube Heye b. Senftenberg	Orsberg b. Linz / Rhein	Friesdorf b. Bonn	Konzendorf b. Düren	Herzogenrath b. Aachen	Liblar b. Köln	Brühl b. Köln	Seußen b. Arzberg / Oberpfalz	Offenbach / Main	Niederpleis b. Siegburg	Salzhausen b. Nidda	Dorheim b. Friedberg / Hessen	Weckesheim b. Friedberg / Hessen
Mastixia amygdalaeformis								■	■	■	■											■	■	■				■	■	■			
M. menzeli																								■	■								
M. meyeri	■		■																														
Mastixicarpum compactum		■	■	■	■																												
Mastixioidea tectocaryoides																								■									
Mastixiopsis nyssoides							■																										
Platymastixia cacaoides	■					■																											
Plexiplica rugosa	■		■		■																												
Ganitrocera holzapfeli																									■								
G. menzeli																								■						■			
G. persicoides								■	■	■		■	■	■	■													■		■			
Tectocarya lusatica									■	■							■	■	■									■					
T. rhenana																								■		■							
Symplocos aracaeformis												■								■	■												
S. braunii																															■		
S. casperyi																																■	
S. elongata																																	■
S. glososa																																■	
S. gothanii										■			■											■									
S. kistei	■		■																														
S. lignitarum										■			■		■															■	■		
S. ludwigii																																■	
S. minutula																								■							■		
S. poppeana										■																							
S. pseudogregaria																														■			
S. salzhausenensis																															■		
S. schereri																								■									
S. wiesaensis										■																							
Sphenotheca gigantea																											■						
S. incurva										■		■	■											■									
Palliopora symplocoides										■														■									
Durania ehrenbergeri										■														■									

Bestimmung wohl möglich ist, allerdings müssen die Blätter in einem halbwegs guten Erhaltungszustand vorliegen. Denn es ist oft schwierig, einzelne Pflanzenreste allein nach der Makrostruktur der Blätter zu bestimmen, da bei den verschiedensten Pflanzengattungen Blätter gleicher oder ganz ähnlicher Gestalt vorkommen. Auf der anderen Seite können die Blätter ein und derselben Pflanze die unterschiedlichste Ausbildung besitzen, von Abnormitäten ganz abgesehen (Abb. 5 u. 6). Es ist daher nicht verwunderlich, daß ältere Autoren eine große Zahl auf Blätter begründeter Fossilarten aufstellten, die heute nicht aufrechtzuerhalten sind. Erst kürzlich wurde der Nachweis erbracht, daß sämtliche *Juglandaceae*-Blattfossilien, die für die Interglaziale beschrieben wurden, anderen Familien angehören. Jedoch dürfen wir auch nicht soweit gehen, wie es kürzlich KRÄUSEL und WEYLAND taten, die Blätter von lorbeerähnlicher Gestalt aus Fundstellen der obermiozänen Bodenseemolasse, der Niederrheinischen Braunkohle und des Lausitzer Tertiär zusammenlegten. Es sollte sich bei allen Fossilien um den „altbekannten *Laurus princeps* HEER" handeln.

Abb. 6. Verschiedene Blattgestalt an ein und demselben Baum, *Sassafras alpidium* (NUTTAL) NEES. Maßst. 1 : 2

Die Reste sollten jetzt *Laurophyllum princeps* (HEER) KRÄUSEL & WEYLAND genannt werden (1951, S. 58; 1943, S. 96). Es ergab sich, daß die Fossilien eine andere Kutikularstruktur als *Laurus princeps* HEER haben (NÖTZOLD, 1955, S. 39).

Von größter Wichtigkeit für die Braunkohlenuntersuchung sind jedoch die fossilen Früchte und Samen (Abb. 7). Blütenreste spielen keine Rolle, denn sie gehören zu den großen Seltenheiten und haben keinen praktischen Wert. Die Früchte und Samen aber sind die einzigen Leitfossilien der neophytischen Makropaläobotanik. Mit Hilfe der Früchte und Samen ist es möglich, stratigraphische Aussagen zu machen, vor allem dann, wenn sich verschiedene derartige Fossilien vergesellschaftet finden.

Es dürfte auch möglich sein, mit Hilfe kutikularanalytischer Untersuchungen eines Tages stratigraphische Aussagen zu machen, wenn von Fundstellen ganze Blattgesellschaften sicher bestimmt vorliegen. Zur Zeit steckt diese ganze Methode noch zu sehr in den Kinderschuhen. Es bedarf zunächst noch langwieriger Untersuchungen der rezenten Vergleichsblätter. Dazu müßten Botaniker eingesetzt werden, die eine spezielle Ausbildung als Systematiker und Morphologen besitzen. Soweit der Verf. informiert ist, wird diese Fachrichtung in der DDR nur an den Botanischen Instituten der Universitäten Halle und Jena vertreten. Da es dabei weniger auf geologisches Wissen, sondern vielmehr auf

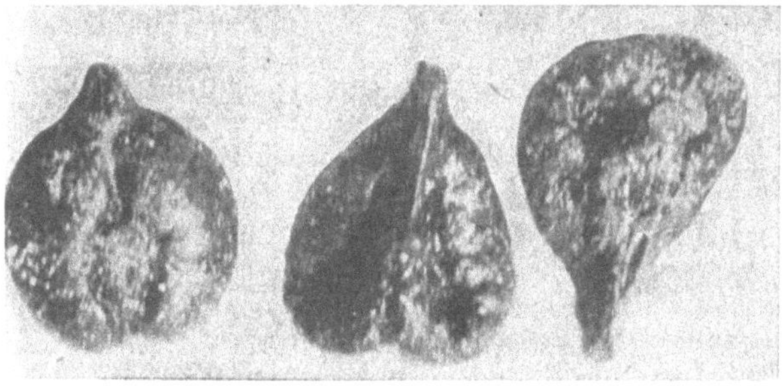

Abb. 7. *Vitis teutonica* A. BRAUN (Samen der fossilen Weinrebe). 1:8

botanische und pflanzengeographische Kenntnisse ankommt, wird eine mehrjährige Weiterausbildung, denn um eine solche würde es sich handeln, bereits fertig ausgebildeter Geologen als verfehlt erachtet. Es würde genügen und uns wäre bereits viel geholfen, wenn Botaniker diese Aufgabe übernehmen würden. Vorerst ist es nur möglich mit Hilfe der von KIRCHHEIMER entwickelten karpologischen Methode, der Bestimmung von Früchten und Samen, stratigraphische Gliederungen vorzunehmen. Der Verf. untersucht z. Z. die entsprechenden Fossilien unserer Braunkohlenschichten und wird die auf KIRCHHEIMERs Untersuchungen basierende Tabelle erweitern (s. Anlage). Es gilt dabei auch die Früchte und Samen anderer Familien, nicht nur der *Mastixioideae* und *Symplocaceae* auszuwerten. Ferner ist die Methode in Zukunft auf die Feinstratigraphie der einzelnen Braunkohlevorkommen anzuwenden. Wir kennen viele Früchte und Samen, die wir bisher noch nicht als Leitfossilien ansehen können, die Zukunft dürfte auch hier weitere Ergebnisse bringen, aber viele derartige Reste haben heute bereits den Wert von Leitfossilien.

Es dürfte leicht verständlich sein, daß sich von den Früchten und Samen besonders diejenigen für eine Fossilisation eigneten, die eine derbe, möglichst holzige oder bastartige Beschaffenheit hatten. Die fleischigen oder besonders stärkereichen Exemplare waren natürlich der Verwesung weit mehr ausgesetzt. Im Gegensatz zu den Blättern haben sich die inkohlten Früchte und Samen besonders in der Braunkohle selbst erhalten. Die Samen gleichen praktisch denjenigen der heutigen Pflanzen, wenn meist auch ein beachtlicher Substanz- und Größenschwund eingetreten ist. Über derartige Erscheinungen hat bereits MÜLLER-STOLL 1938 eingehend berichtet. Die Folge des Schwundes sind häufig Risse und Sprünge, die einen schnellen Zerfall der Fossilien bewirken. Aber bei der Bergung im bergfeuchten Zustand und schneller Einbettung in Paraffin sind die Reste gut zu erhalten. Es lassen sich dann meist noch Schnitte anfertigen, die eine genauere Bestimmung durch histologische Untersuchungen ermöglichen. Die Beeren, das ist verständlich, hielten sich bei der Fossilisation nicht. Aber selbst dünnschalige Samen ohne verholzte oder faserige Schale haben sich erhalten. (Beisp. Samen von *Aldrovanda, Droseraceae* = Sonnentaugewächs.) Das völlige Fehlen der Samen der *Grammineae*, der Gräser, die im Tertiär weit verbreitet waren, erklärt sich aus ihren stärkehaltigen Samen. Natürlich blieb bei den Steinfrüchten auch nur das innen liegende Meso- und Endokarp erhalten, während das fleischige Exokarp der Verwesung anheimfiel.

Wir müssen verschiedenartige Vorkommen von Früchten und Samen unterscheiden. Meist wurden diese Fossilien am Standort ihrer Mutterpflanzen eingebettet, was sich für diejenigen innerhalb der autochthonen Braunkohle von selbst versteht. Bemerkenswert sind jedoch die Massenvorkommen in den sandigen und tonigen Begleitschichten der Braunkohle. Denn dort finden sich auf engstem Raum gewaltige Mengen von Fossilien, noch dazu weniger verschiedener Arten. Derartige Anhäufungen dürften durch sekundäre Aufarbeitung als herausgearbeitete Hartteile, aus zerstörten Flözen entstanden sein. Denn selbst bei einer Trennung von Früchten und Samen nach biologischen und physikalischen Eigenschaften vor der Einbettung ist eine derartige Anhäufung kaum möglich. Besonders erwähnenswert ist die sogenannte „Karpolithenkohle" von Salzhausen bei Nidda. Sie erstreckte sich auf ein Gebiet von 32000 m², bei einer Höchstmächtigkeit von 1,5 m. Wenn das Flöz auch zuweilen aussetzte, so konnte man doch bei einer mittleren Mächtigkeit von 10 cm, etwa 3000 m³ Kohle, nur von derartigen Fossilien aufgebaut, annehmen. 500 g Karpolithenkohle enthielten 1750 Steinkerne der *Symplocos minutula* (V. STERNBERG) KIRCHHEIMER sowie 63 Kerne der *Vitis teutonica* A. BRAUN (Abb. 7), neben vielen Resten anderer Gewächse. Man kann also annehmen, daß etwa 2 Milliarden *Symplocos*-Früchte und 150 Millionen Rebsamen vorhanden waren. Eine derartige Anhäufung kann nicht autochthon entstanden sein. Aber auch die mächtigen autochthonen Braunkohlenlager bergen neben Einzelexemplaren noch Nester von Samen. So fand sich im Unterflöz der Niederlausitz ein 15 cm dickes Nest von 1 m² Fläche, in dem 1300 Samen der *Magnoliaspermum geinitzii* (ENGELHARDT) KIRCHHEIMER vorkamen. Der Verf. erhielt aus Forst (Lausitz) den Inhalt eines solchen Nestes; es handelte sich ebenfalls um *Magnoliaspermum geinitzii*. Ähnliche Beobachtungen konnten auch DÖRING und der Verf. im Braunkohlentagebau Profen machen.

Die wichtigsten Fossilien der Braunkohlenzeit sind die Früchte der *Mastixioideae* und der *Symplocaceae*. Beide Familien sind als Leitfossilien unserer Braunkohlen, ihrer Begleitschichten und Zwischenmittel von größter Bedeutung. Die Tabelle zeigt das Vorkommen der einzelnen Arten für die bekanntesten Fundstellen des deutschen Tertiär. Der Verf. hoffte diese Tabelle bald weiter ergänzen zu können, nachdem begonnen wurde, wieder Fossilien der Mitteldeutschen und der Lausitzer Braunkohle zu entnehmen. Die Originale befanden sich früher zum größten Teil in der Sammlung der ehemaligen Preußischen Geologischen Landesanstalt. Es ist zu hoffen, daß die wertvollen Fossilien nicht durch die Kriegsereignisse verlorengingen, sondern eines Tages wieder auftauchen und der Sammlung der Staatlichen Geologischen Kommission wieder einverleibt werden können. Rezentes Vergleichsmaterial ist schwer zu bekommen, denn die *Symplocaceae* (Rechenblumengewächse) leben heute nur noch mit einer Gattung, nämlich *Symplocos* selbst in Ostasien. Die *Mastixioideae* (Unterfamilie der *Cornaceae*, Hartriegelgew.) bewohnen heute nur südostasiatische Gegenden.

Die Wasserdurchlässigkeitsprüfungen und Baugrundvergütung als ingenieurgeologische Untersuchungsmethoden bei Talsperrenbauten

FRITZ REUTER, Halle

INHALT

I. Vorwort

Von allen beim Bau der Bodetalsperren und bei der Vorbereitung des Baues angewendeten ingenieurgeologischen Methoden zur Erkundung der Beschaffenheit und Güte des Baugrundes erscheint mir am geeignetsten für die Auswertung durch den Geologen die Wasserdurchlässigkeitsprüfung (kurz Wd-Prüfung) des Untergrundes und die nachfolgende Zementinjektion. Es wird hierbei der Versuch unternommen, auf Grund der Durchlässigkeit des felsigen Untergrundes und der Zementaufnahme desselben Aussagen über die Beschaffenheit und Klüftigkeit der Gesteine zu machen.

Wenn es heute möglich ist, einen ersten Bericht über die Ergebnisse der Wd-Prüfungen und Zementinjektionen des Bodewerkes zu liefern, so kann ich das auf Grund der Ratschläge und der sehr wertvollen Hinweise der Kollegen des VEB Waserwirtschaft Bode in Blankenburg. Außer den Teilarbeiten, die bereits auf dem Gebiete der Auswertung der Wd-Untersuchungen durchgeführt wurden und in den nächsten Abschnitten noch diskutiert werden, unterstützten mich bei meinen Arbeiten Herr Dipl.-Ing. Dr. WEISSBACH, Herr Dipl.-Ing. MÜNSTER und Herr Ing. STRATHAUSEN von der Aufbauleitung Bodewerk durch Literaturhinweise und durch die Zurverfügungstellung von altem Aktenmaterial. Wertvolle Hilfe erhielt ich auch durch die Kollektoren der Geologischen Kommission H. PÜPCKE, K. WEHRMANN und J. BAUER. Vor allen Dingen war mir Herr Dipl.-Ing. KAMMERER ein wertvoller Berater in bezug auf die technischen Arbeiten. Allen diesen

Kollegen möchte ich an dieser Stelle meinen Dank aussprechen.

II. Wd-Untersuchungen und Zementinjektionen

1. Grundlagen der Wasserdurchlässigkeitsuntersuchungen und der Zementinjektionen

In dieser Abhandlung über die Wd-Untersuchungen und Zementinjektionen sollen nur die Felsgesteine Berücksichtigung finden, da es sich bei dem Baugrund der später noch zu besprechenden Talsperren ausschließlich um Festgesteine handelt.

Die ingenieurgeologische Untersuchung des Untergrundes einer Talsperre mit Hilfe von Wd-Untersuchungen und Zementinjektionen ist eine Methode, bei der Wasser oder eine Wasser-Zement-Suspension in den Felsen gepreßt wird und auf Grund der Durchlässigkeit bzw. Aufnahme des Felsens Aussagen über die Klüftigkeit und sonstige geologische Beschaffenheit des Gesteins gemacht werden.

Um Wasserdurchlässigkeitsprüfungen und Zementinjektionen durchführen zu können, ist das Niederbringen von Bohrlöchern notwendig, und zwar unterscheidet man bei den Bohrungen zwei Arten:

a) Kernbohrungen, die so lange durchgeführt werden müssen, wie das ganze Projekt das Stadium der Voruntersuchung noch nicht verlassen hat. Für den Geologen bedeutet das, daß er für die Aufstellung seines Gutachtens nur mit Kernbohrungen arbeiten sollte. Die Erfahrungen lehren hier, daß die Mehrkosten für Kernbohrungen infolge der Zuverlässigkeit der Aussagen und der höheren Genauigkeit durch ein Vielfaches an Ersparnissen beim Bau gedeckt werden. Die Wirtschaftlichkeit der Kernbohrungen damit ist bei den entsprechenden Objekten einwandfrei gegeben.

b) Bohrungen im Schlagbohrverfahren. Diese sollten nur dann zur Durchführung kommen, wenn es sich um rein betriebliche Arbeiten, z. B. um die Verheftung der Mauer oder um die Baugrundvergütung handelt. Die Verheftung der Talsperrenmauer wird so durchgeführt, daß man nach Einbringen des Betons bis zu einer Höhe von etwa 5—10 m diesen nach dem Abbindungsprozeß durchbohrt. Die Bohrung wird bis in den festen Felsuntergrund gestoßen. Danach wird in das Bohrloch eine Zement-Wasser-Suspension hineingepreßt, so daß eine innige Verbindung zwischen Mauer und Untergrund zustande kommt. Die Baugrundvergütung erfolgt ganz ähnlich. Das Ziel ist hier eine Erhöhung der Tragfähigkeit und Abdichtung des Baugrundes. Untersuchungs- oder Kontrollbohrungen im Schlagbohrverfahren sollte man m. E. vermeiden.

Zur Klärung besonderer Verhältnisse werden Untersuchungs- und Kontrollbohrungen während der Durchführung der betrieblichen Hammerbohrungen immer nötig sein, allerdings kann es sich dann nur um Kernbohrungen handeln.

Die Bohrart bei Kernbohrungen ist die allgemein übliche. Die Bohrmaschinentypen sind mannigfaltig. In der Regel rechnet man mit einem Kerndurchmesser von 110 mm. Wichtig ist der höchstmögliche Kerngewinn. Wenn möglich, sollte bei Baugrundbohrungen für Talsperren mit Doppelkernrohr gebohrt werden. Das Prinzip des Bohrens mit Doppelkernrohr beruht auf dem Fernhalten des Spülstromes und der Rotationsbewegung des äußeren Rohres vom Kern, so daß der Kern in einem inneren abgebremsten Kernrohr hochwachsen kann. Die Bohrkrone ist in seltenen Fällen mit Diamanten, in der Regel mit Hartmetallstiften oder Hartmetallaufschweißung versehen. Manchmal bohrt man auch mit Schrot.

Nachdem die Untersuchungsbohrungen durchgeführt sind, wird bei den später folgenden betrieblichen Bohrungen (d. h. bei der Mauerverheftung und bei der Baugrundvergütung) nach dem Schlagbohrverfahren gearbeitet, da es hier weniger auf die Untersuchungsergebnisse als auf die Wirtschaftlichkeit des Bohrens ankommt. Man verwendet als Bohrkrone meistens einen Kreuzmeißel, der am unteren Ende von Bohrstangen sitzt, die zusammenschraubbar sind und deren Länge 6 m nicht überschreitet. Da wegen des großen Gewichtes des Bohrgestänges das schlagende und drehende Bohren, d. h. das Umsetzen bei großer Länge des Bohrgestänges, nur unvollkommen wäre, wurde ein Bohrgerüst mit Hammerkäfig entwickelt (Abb. 1).

Sobald die Bohrlöcher mit Hilfe der eben beschriebenen Verfahren niedergebracht sind, beginnt die Wasserdurchlässigkeitsprüfung. Sie ist auch bei Kernbohrungen stets notwendig, da ein gewisser Kernverlust immer zu verzeichnen ist und aus der Kernfähigkeit des Gebirges allein nie Schlüsse auf die Klüftigkeit des Gesteines gezogen werden können. Die Kernfähigkeit ist weitgehend von der Lagerung und tektonischen Beanspruchung der Schichten abhängig. So wird z. B. ein verruschelter, an und für sich undurchlässiger Schiefer nur einen sehr geringen Kerngewinn zulassen, während ein durchlässiger und klüftiger Diabas oder Kalkstein einen hohen Kerngewinn ermöglicht. Im ersten Fall handelt es sich um einen dichten, aber relativ schlechten Baugrund, während der Felsen im zweiten Falle als Baugrund gut, aber doch durchlässig ist. Im ersten Falle ist unter Umständen eine Baugrundvergütung, im zweiten stets eine Abdichtung nötig.

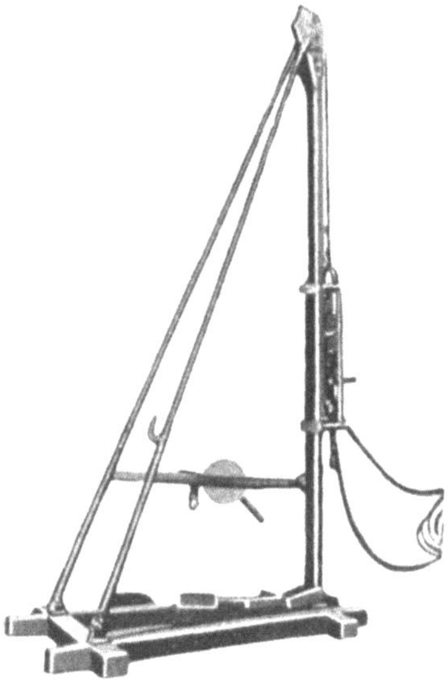

Abb. 1. Bohrgerüst mit Hammerkäfig (aus JÄHDE 1953)

Nachdem das Bohrloch unter dauerndem Spülstrom niedergebracht worden ist, wird es von dem noch in ihm haftenden Bohrschmand reingespült. Danach beginnt das „Waschen" des Bohrloches und der von ihm geschnittenen Klüfte. Das Waschen des Loches muß solange geschehen, bis das Spülwasser völlig klar zutage tritt. Zweckmäßigerweise verfährt man hierbei so, daß jeweils mehrere Löcher gemeinsam behandelt werden, so daß die Gewähr gegeben ist, daß der in den Klüften haftende Lehm nicht nur weggedrückt, sondern tatsächlich herausgespült wird. Bei der Prüfung von mehreren Löchern besteht gleichzeitig die Möglichkeit, das aus z. Z. nicht behandelten Löchern austretende Wasser auf seine Klarheit zu prüfen. Sollte man nicht in der Lage sein, die lehmige Kluftfüllung restlos zu beseitigen, so kann der „Lehm" durch die spätere Injektion mit Zement immer noch verkapselt werden.

Wenn das austretende Spülwasser klar ist, beginnt die eigentliche Wd-Prüfung. Hierzu ist erforderlich, der Reihe nach Teilabschnitte des Bohrloches oben und unten so abzusperren, daß das Druckwasser ausschließlich im jeweiligen Teilabschnitt wirken kann. Man verwendet zur Absperrung der Bohrlöcher Einfach- oder Doppelpacker (Stufenpacker) (Abb. 2).

Die Arbeitsweise mit dem Einfachpacker ist so, daß man z. B. in einem 10 m tiefen Bohrloch den Packer bei 9 m einbaut und unter 5 atü 5 Minuten lang Wasser in die Stufe von 9—10 m preßt. Nachdem die erste Stufe fertig ist, wird der Packer bis auf 8 m hochgezogen und wieder unter obigen Bedingungen eingepreßt. Dieses Verfahren wird derart fortgesetzt, daß der Packer jeweils 1 m höhergezogen wird. Die Durchlässigkeiten für den neu hinzukommenden Meter erhält man, indem man den vorher erhaltenen Prüfwert von dem jeweiligen Meßwert subtrahiert. Um mit brauchbaren Zahlen arbeiten zu können, wird die Durchlässigkeit jeweils auf Meter und Minute berechnet (Abb. 3).

Der Doppelpacker ermöglicht es, eine fest abgeschlossene Strecke zu prüfen, so daß die gemessenen Werte direkt verwendet werden können. Er besteht aus zwei zusammendrückbaren Gummimuffen, zwischen denen sich ein gelochtes Rohrstück von 1 m Länge befindet. Während das Wasser beim Einfachpacker unter dem Gummipolster austritt, kommt das Wasser beim Doppelpacker aus dem gelochten Rohrstück zwischen den Polstern.

Nach der Wd-Prüfung erfolgt die Zementinjektion. Mit dem Einfachpacker (der Doppelpacker ist nur für Wd-Prüfungen verwendbar) wird das Bohrloch stufenweise nach oben hin abgeschlossen und dann eine Zement-Wasser-Suspension eingepreßt. Je nach der Größe und Anzahl der Klüfte, worüber man Hinweise auf Grund der Wd-Ergebnisse erhält, wird der Zementanteil in der Suspension erhöht oder vermindert. Da beim Einpressen des Zements mit höheren Drücken gearbeitet wird als bei der Wd-Prüfung, ist es zweckmäßig, unter Fels- oder Betonauflast zu arbeiten, damit das Injektionsgut nicht nach oben hin ausbrechen kann. Soll ohne Auflast verpreßt werden, ist es angebracht, daß von oben nach unten gearbeitet wird, wodurch man sich bei anfänglich niedrig gehaltenem Druck eine künstlich verfestigte Decke schafft.

Das Ende der Injektion erkennt man daran, daß der Druck plötzlich ansteigt, was bedeutet, daß sämtliche Hohlräume gefüllt sind. Das Loch muß nun noch eine Zeitlang unter Druck gehalten werden, damit ein vollständiges Abbinden des Zements stattfinden und ein rückwärtiges Ausspülen durch das Grundwasser nicht erfolgen kann.

Außer dem Verpressen mit Zement gibt es noch Abdichtungsmaßnahmen mit Chemikalien, die aber bei den zu besprechenden Arbeiten am Bodewerk nur eine ganz untergeordnete Rolle spielen, so daß in diesem Bericht darauf verzichtet werden kann. Es sei an dieser Stelle auf das Buch von H. JÄHDE „Injektionen zur Verbesserung von Baugrund und Bauwerk", Berlin 1953, verwiesen.

2. *Die Darstellung der geologischen Untersuchungsergebnisse*

a) Allgemeines

Die früheren Darstellungsmethoden der Wasserdurchlässigkeitsprüfungen und Zementinjektionen an der Rappbodesperre ließen nur unsichere Rückschlüsse auf die geologischen Verhältnisse zu. Nachdem bei der Darstellung der Wd-Prüfungen und Zementinjektionen der Bohrungen für die „Wendefurter Sperre" in Zusammenhang mit der geologischen Schichtenfolge gute Ergebnisse erzielt worden waren, wurde der Versuch unternommen, ähnlich auch an der Rappbodesperre zu verfahren. Wichtig war, daß nur von Untersuchungsbohrungen (Kernbohrungen) ausgegangen werden konnte, da aus dem Kern ein wesentlicher Teil der geologischen Verhältnisse erkannt werden kann. Erst nachdem man bestimmte Gesetzmäßigkeiten bei den Untersuchungsbohrungen beobachtet hat, können diese auf betriebliche Hammerbohrungen übertragen werden. Aus diesem Grunde wurde auch an der Rappbodesperre von den Kernbohrungen ausgegangen. Dazu gehören die in den Jahren 1941/42 niedergebrachten Bohrungen der Probebaugrundverdichtung, die Probeschleierbohrungen, ein Teil der Schleierbohrungen und die Kontrollbohrungen.

Die Darstellung der Wasserdurchlässigkeits- und Injektionsergebnisse wird so vorgenommen, daß die tatsächlichen Meßwerte und der Druck Berücksichtigung finden. Ferner wird in einer Säule der Kerngewinn dargestellt. Aus der Darstellung des Kernes muß ersichtlich sein, ob der Kern aus einem Stück oder aus einer Vielzahl von kleinen Teilen besteht. Die Kerndarstellung sollte aus dem Grunde nicht wegfallen, weil der Kern bei etwa gleichen Lagerungsverhältnissen

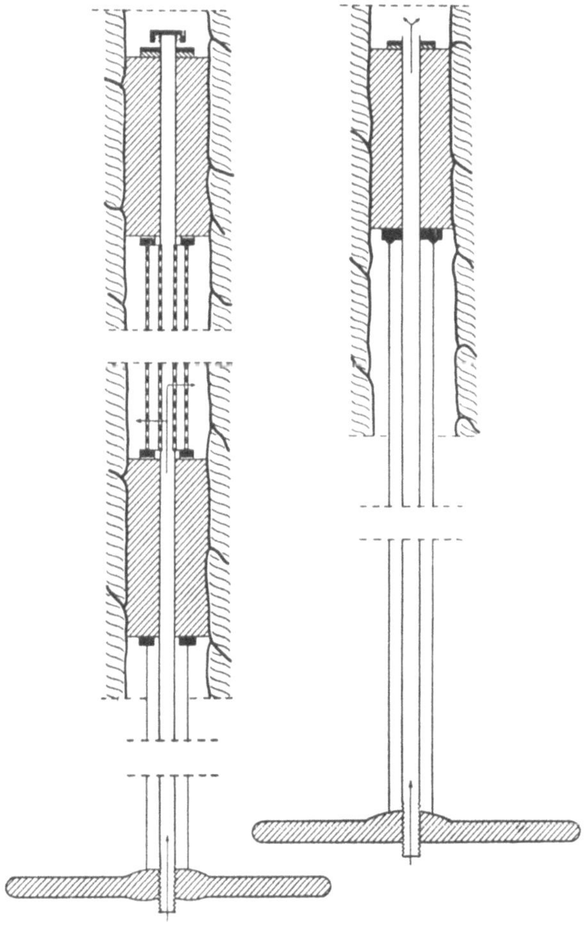

Abb. 2. Einfach- und Stufenpacker

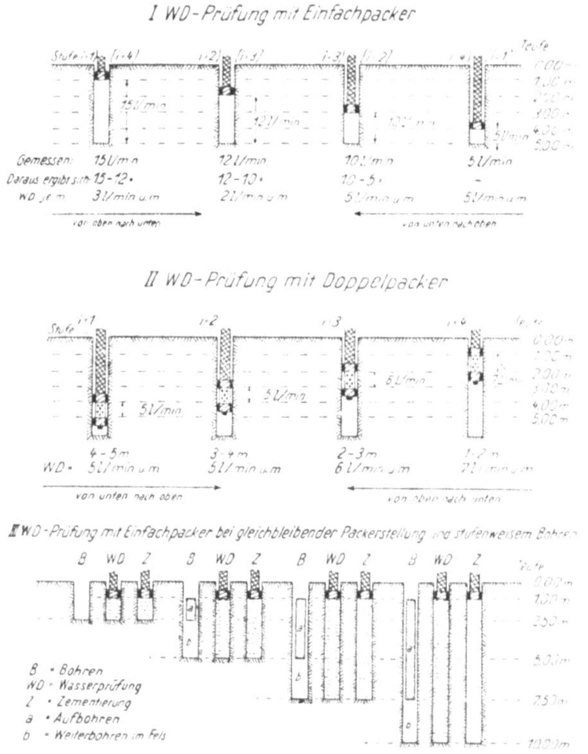

Abb. 3. Schema der Wasserdurchlässigkeitsprüfung nach JÄHDE 1953

Hinweise auf die Klüftigkeit und Festigkeit des Gesteins gibt. Zu beiden Seiten der Kernsäule wird die petrographische Schichtenfolge eingezeichnet. Rechts seitlich der Schichtenfolge werden die Wd- und Injektionsergebnisse vermerkt. Die Wasserdurchlässigkeiten erscheinen als Liter pro Meter und Minute und die Zementinjektionen als kg pro Verpressungsstufe. Das ist eine Notlösung, da die Arbeiten in dieser Art vorgenommen wurden. Besser wäre es, wenn die Stufe der Wasserdurchlässigkeitsprüfung gleich der Injektionsstufe sein würde. Daß es nicht der Fall ist, ist ein Grund mit dafur, daß beide Werte oft nicht einander entsprechen.

Das Mischungsverhältnis von Zement und Wasser wird nicht mit dargestellt. Es wird auf Grund der ± hohen Wasserdurchlässigkeit festgesetzt. Wenn dieses geschehen ist, spielt das Verhältnis in unserer Darstellung gar keine Rolle, da von gleich großen Hohlräumen stets gleich hohe Mengen Zement aufgenommen werden; Voraussetzung ist natürlich, daß die Klüfte so groß sind, daß die Zementkörner noch eindringen können. Für den Verpressungserfolg ergibt sich aus dem vorher Angeführten, daß die Wd-Prüfung zum Verpressungsvorgang gehört. Beide Untersuchungsarten, Wasserdurchlässigkeitsprüfung und Zementinjektionen, geben annähernde Werte über die Klüftigkeit des Felsens. Um noch genauere Aussagen über die Beschaffenheit des Untergrundes machen zu können, ist es m. E. nötig, die Druckminderung darzustellen, und zwar gehe ich hier von folgender Voraussetzung aus: Alle Klüfte bzw. Spalten stehen, teilweise auch über Schieferungsfugen, miteinander in Verbindung (sonst wäre ja ein Wassereinpressen gar nicht möglich). Sind die Klüfte eng, so wird dem Wasser durch die Reibung an den Kluftwänden so viel Widerstand entgegengesetzt, daß der Druck relativ hoch bleibt. Die Zementaufnahme wird in diesem Falle gering sein. Bei sehr engen Klüften wird die Zementaufnahme einmal einen Wert erreichen, der praktisch gleich 0 ist, während die Wasserdurchlässigkeitsprüfung noch geringe Werte ergeben kann. Viele sehr feine Klüfte werden bei relativ hoch bleibendem Druck eine relativ hohe Durchlässigkeit zeigen, die Zementaufnahme wird jedoch gering sein und vielleicht auf den Wert 0 zurückgehen (d. h., wenn man die Menge abzieht, die zur Verfüllung des Bohrloches nötig ist). Wird die Wasserdurchlässigkeit gleich 0 oder annähernd 0 (denn absolut undurchlässig ist ja kein Gestein), dann wird normalerweise der Zementverbrauch ebenfalls 0 sein. Ein Druckanstieg wird bei Wd-Prüfungen nicht in Erscheinung treten, da bei Druckanstieg das Ausgleichsventil in Tätigkeit tritt. Nimmt der Felsen sehr viel Wasser auf, wird also ein erheblicher Druckabfall beobachtet, so könnte daraus geschlossen werden, daß es sich um größere offene Spalten handelt, die mit anderen solchen Spalten in Verbindung stehen. Die Zementaufnahme müßte ebenfalls hoch sein.

Weiterhin wäre zu überlegen, ob eine geringe Wasserdurchlässigkeit und eine hohe Zementaufnahme sich ebenfalls mit Hilfe der Druckverhältnisse deuten lassen. Folgende Tatsache wäre bei einem abgeschlossenen Kluftsystem von mittelgroßen Klüften möglich: Während der Wd-Prüfung wird der Druck erst etwas abfallen, aber nach Ausfüllung der Klüfte, was zum größten Teil schon während des Waschvorganges erfolgt ist, etwa auf den Ausgangsdruck zurückgehen. (Da, wie bereits oben gesagt wurde, alle Klüfte miteinander in Verbindung stehen, wird das Wasser in geringem Umfange weiterfließen.) Der Zementverbrauch müßte hier hoch sein. Die oben beschriebene Ausbildung der Klüfte läßt sich aus den Endergebnissen beider Untersuchungsarten nicht erkennen. Es wäre vielleicht möglich, wenn Druck und Wasserdurchgang während der Wd-Prüfung laufend registriert würden. Kommt der hohe Zementverbrauch mit geringem Wasserdurchgang in den obersten Zonen eines Bohrloches vor, dann ist es bei einem relativ stark zerrütteten (stark geklüfteten) Felsen möglich, daß das Injektionsgut nach oben ausgebrochen ist, d. h., die Felsauflast war für die angewendeten Drücke ungenügend.

Wenn bei der Auswertung der hier behandelten Untersuchungen auch die Druckverhältnisse Berücksichtigung finden, sind m. E. alle Faktoren, die Einfluß auf Wd- und Verpreßvorgang haben, erfaßt und eine geologische und ingenieurgeologische Deutung des Untergrundes müßte möglich sein. Nicht erfassen läßt sich die subjektive Beeinflussung der Arbeitsgänge durch den Arbeiter. Um auch dieses in erträglichen Maßen zu halten, sollte in einem bestimmten Arbeitsbereich immer nur derselbe Arbeiter eingesetzt werden.

b) Die sowjetische Auswertungsmethode der Wd-Ergebnisse

Eine andere Methode der Auswertung der Wd-Ergebnisse wird in der Sowjetunion angewendet. Hier errechnet man einen sogenannten ω-Wert. In dieser Größe sind alle die bereits oben erwähnten Faktoren vertreten.

ω errechnet sich nach folgender Formel:

$$\omega = \frac{Q}{h \cdot p \cdot t}$$

Hierin bedeuten:

Q = eingepreßte Wassermenge in Liter
h = geprüfte Strecke in m
p = Höhe der Wassersäule in m (Druck)
t = Dauer des Einpreßvorganges in Min.

Beispiel:

Q = 100
h = 4
p = 50
t = 5

$$\omega = \frac{100}{4 \cdot 50 \cdot 5}$$

$$\omega = 0{,}1$$

Diese bisher in Deutschland nicht angewendete Auswertungsmethode verspricht, wie später noch zu sehen ist, recht gute Erfolge.

3. *Versuch einer Darstellung der Wd-Prüfungs- und Einpressungsergebnisse*

a) Wendefurter Sperre

Erstmalig wurde die auf S. 168ff. beschriebene Darstellungsmethode in etwas abgeänderter Form bei den geologischen Untersuchungsbohrungen der Wendefurter Sperre durchgeführt. Dort fehlt lediglich der Druckabfall, trotzdem zeigten sich recht brauchbare Ergebnisse.

Im Bereich der geplanten Sperrstelle wurden 16 Bohrungen niedergebracht, davon 12 in der Mauerachse. Aufgezeichnet sind die geologische Schichtenfolge, der Kerngewinn, die Wasserdurchlässigkeit und die Zementaufnahme (Abb. 5). Sehen wir einmal die Bohrungen 5, 6 und 7 an, so bemerken wir von oben nach unten ein stetes Abnehmen der Wasserdurchlässigkeit und der Zementaufnahme. Es ist das normale Bild der Untersuchungsergebnisse und sagt aus, daß das Klaffen der Klüfte eine Verwitterungserscheinung ist und sich alle Klüfte mit zunehmender Tiefe schließen. Bei diesen Bohrlöchern handelt es sich auch fast immer um das gleiche Gesteinsmaterial. Andere Bohrungen, in denen verschiedenartige Gesteine vorkommen, zeigen dieses Bild nicht. Ganz aus dem Rahmen heraus fällt das Ergebnis der Bohrung 12. Die ersten Meter der Bohrung stehen in ebenplattigem Tonschiefer, es folgt von etwa 11–13 m Diabas und dann bis zur Endteufe bei 15 m ruscheliger Tonschiefer. Der gesamte Bohrkern läßt Verwitterungserscheinungen bis zur Endteufe erkennen. Der Kerngewinn ist trotz des verwitterten Gesteins sehr hoch. Das liegt allerdings daran, daß horizontal gebohrt wurde; dementsprechend kann der Kerngewinn nur bedingt über die Güte des Gesteins Auskunft geben. Die hohe Wasserdurchlässigkeit von 40 l/min zwischen 14 und 15 m deutet darauf hin, daß es sich dort um eine Abscherungsstörung zwischen Diabas und Tonschiefer handelt. Durch den Kern, der an dieser Stelle verruschelten Tonschiefer zeigt, wird das bestätigt. Eigenartig sind immerhin die relativ geringen Wasserdurchlässigkeiten gegenüber den hohen Zementaufnahmen. Sicher läßt sich dies auf die bei beiden Verfahren angewendeten verschieden hohen Drücke zurückführen.

In Bohrung 1 wurde von 11,5–14 m kein Kern gewonnen. Die Spülprobe deutet auf Tonschiefermaterial hin. Wahrscheinlich handelt es sich hier um ruscheligen Schiefer in der Nähe einer Störung, was durch die Wd-Prüfung zwischen 12 und 13 m bekräftigt wird. Schichtenfolge, Kern und Wasserdurchlässigkeit ergänzen sich also sehr gut. Daß das Ergebnis der Zementaufnahme verschwommen erscheint, liegt daran, daß die Verpressungstufe 5 m, während die Wd-Stufe 1 m beträgt. In Bohrung 2 wurden Diabas und flaserige Tonschiefer erbohrt. Während die Tonschiefer relativ niedrige Werte bei der Wd-Prüfung zeigen, kommen im oberen Diabas Werte bis 51 – besonders an der unteren Begrenzung – vor. Das ist darauf zurückzuführen, daß der Diabas vom unterlagernden Tonschiefer abgeschert ist. Gegenüber dem Tonschiefer zeigt auch der untere Diabas höhere Wd-Werte. Ein Zeichen dafür, daß ein kompaktes, festes Gestein immer stärker geklüftet ist als der mildere Tonschiefer.

Das Bohrloch 9 zeigt ein sehr uneinheitliches Bild. Es wurden ebenplattige, flaserige und ruschelige, teils gebänderte, teils ungebänderte Tonschiefer durchbohrt. Der totale Kernverlust zwischen 4,35 und 8,0 m, 11,4 und 13,7 m und 16,5 und 17,3 m ließ eine Bestimmung der durchteuften Schichten nicht zu. Die ruscheligen Schiefer lassen auf Störungen schließen, wobei denen im unteren Teil des Bohrloches größere Bedeutung zuzumessen ist. Da die Bohrung mit 80° unter der Bode geführt wurde, ist es möglich, daß hier eine vermutlich unterhalb des Bodebetts verlaufende herzynische Querstörung angefahren wurde. Die hohen Werte von über 16 l/min bei den Wd-Prüfungen und die hohe Zementaufnahme weisen ebenfalls darauf hin.

Zusammenfassend läßt sich über die Untersuchungsergebnisse der Baugrundbohrungen für die Wendefurter Sperre folgendes aussagen:

Kompakte Gesteine, wie Kalksteine, Kieselschiefer und Diabase, die dem Tonschiefer linsen- oder gangförmig eingelagert sind, reagierten auf tektonische

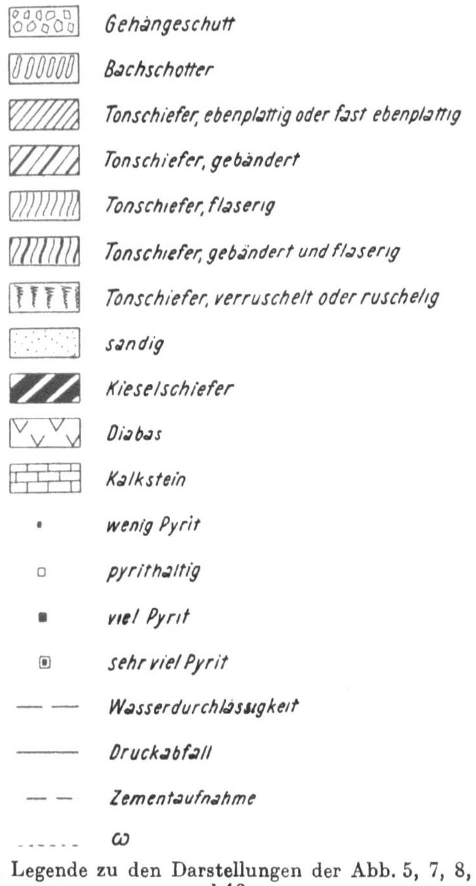

Abb. 4. Legende zu den Darstellungen der Abb. 5, 7, 8, 11 und 12.

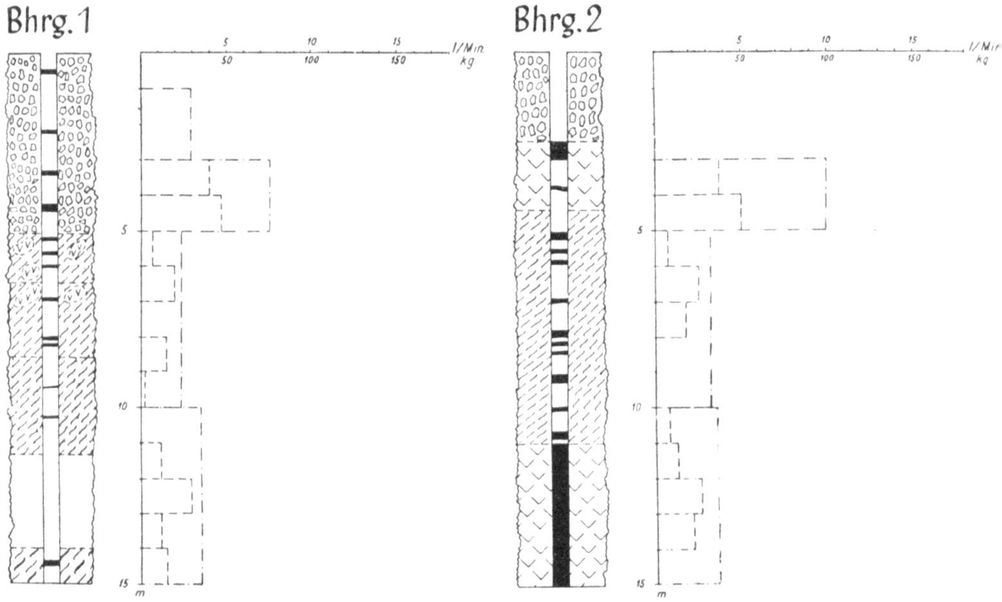
Bhrg. 1
5
10
15
1/Min
50
100
150
kg
5
10
15
m
Bhrg. 2
5
10
15
1/Min
50
100
150
kg
5
10
15
m

Bhrg. 5

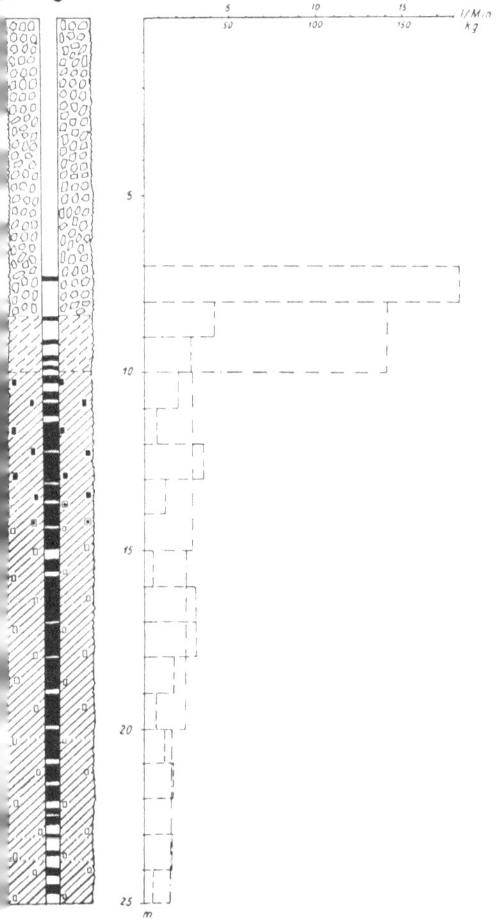
5
10
15
l/Min
50
100
150
kg
5
10
15
20
25
m

Bhrg. 6

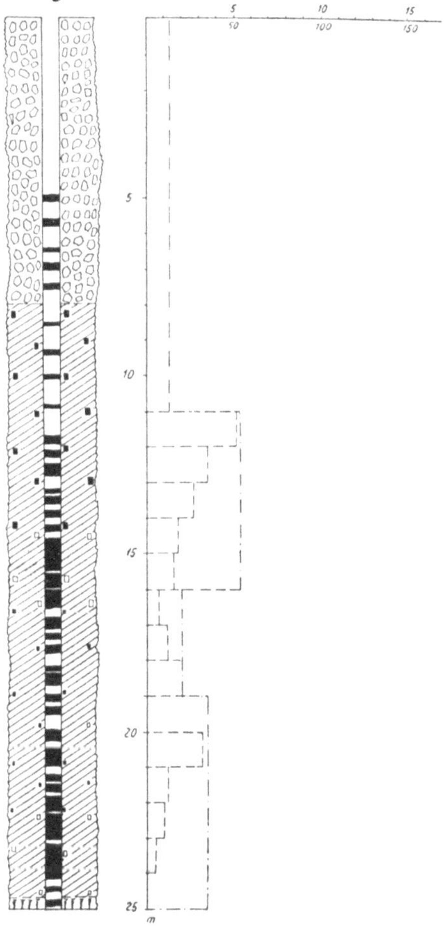
5
10
15
50
100
150
5
10
15
20
25
m

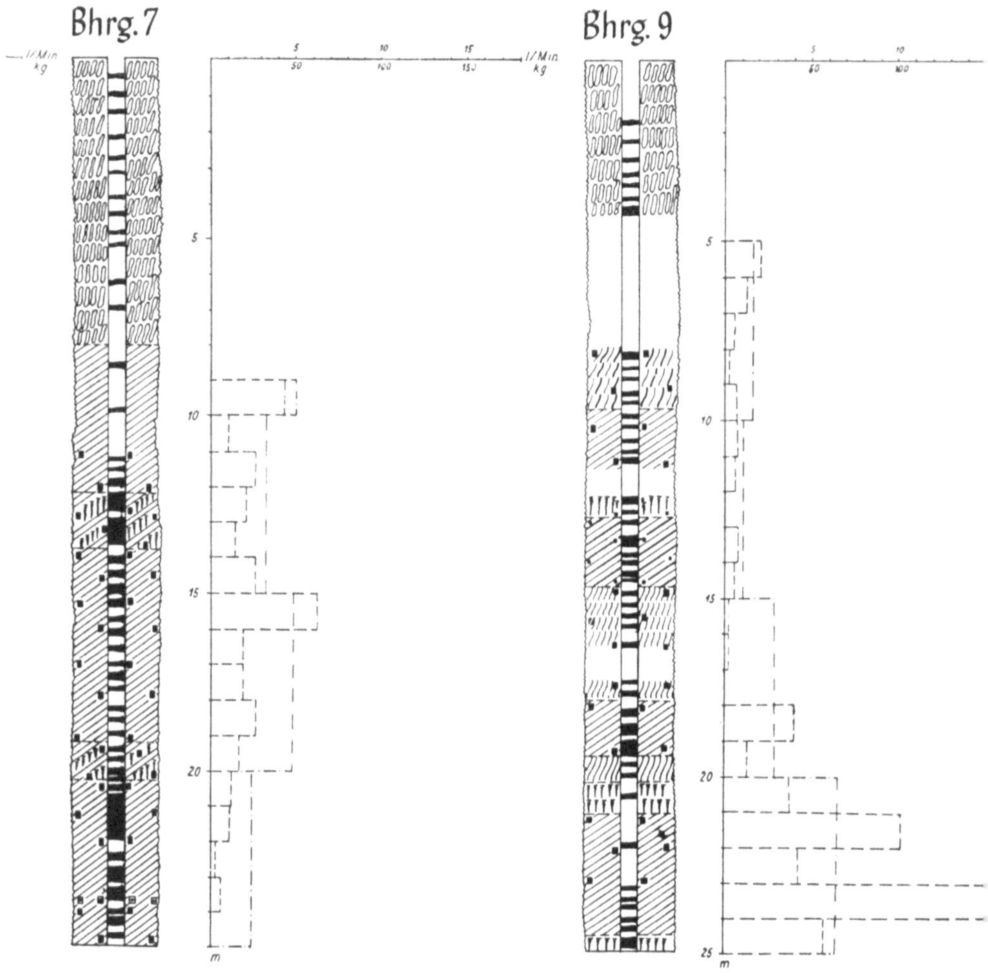

Bhrg. 7
l/Min
kg
5
10
15
50
100
150
l/Min
kg
5
10
15
20
m
Bhrg. 9
5
10
60
100
5
10
15
20
25
m

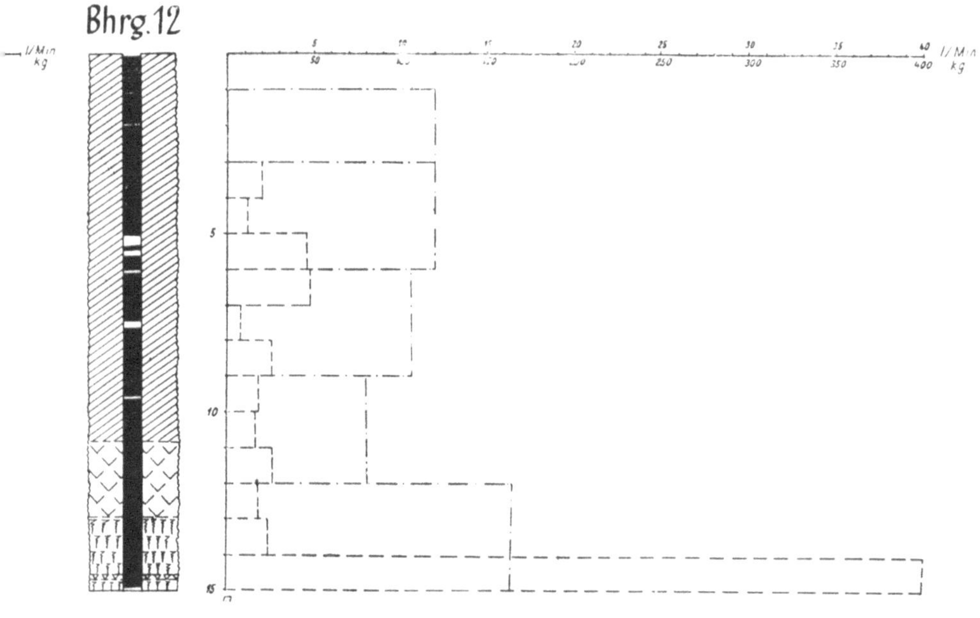

Abb. 5. Hochwasserschutzbecken Wendefurt — Geologische Bohrprofile, Kerngewinn, Wasserdurchlässigkeit in l/min und Zementaufnahme in kg

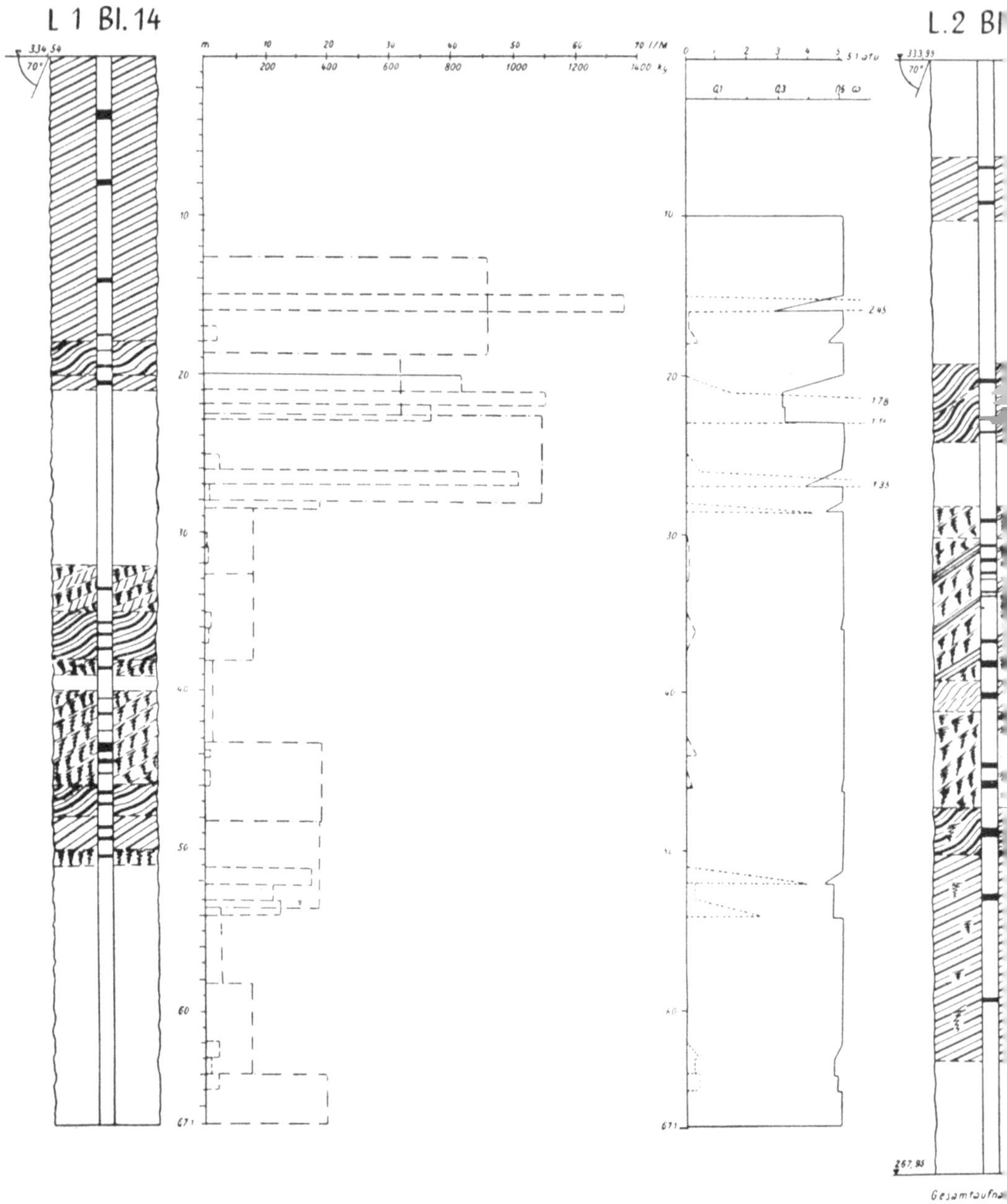
L 1 Bl. 14
334,54
70°
m
10
20
30
40
50
60
70 l/M
200
400
600
800
1000
1200
1400 kg
10
20
40
50
60
67,1
0
1
2
3
4
5 atü
0,1
0,3
0,5 ω
2,45
1,78
1,35
10
20
30
40
60
67,1
L.2 Bl
333,93
70°
267,95
Gesamtaufna
3100 kg Zem

L.3 Bl.14

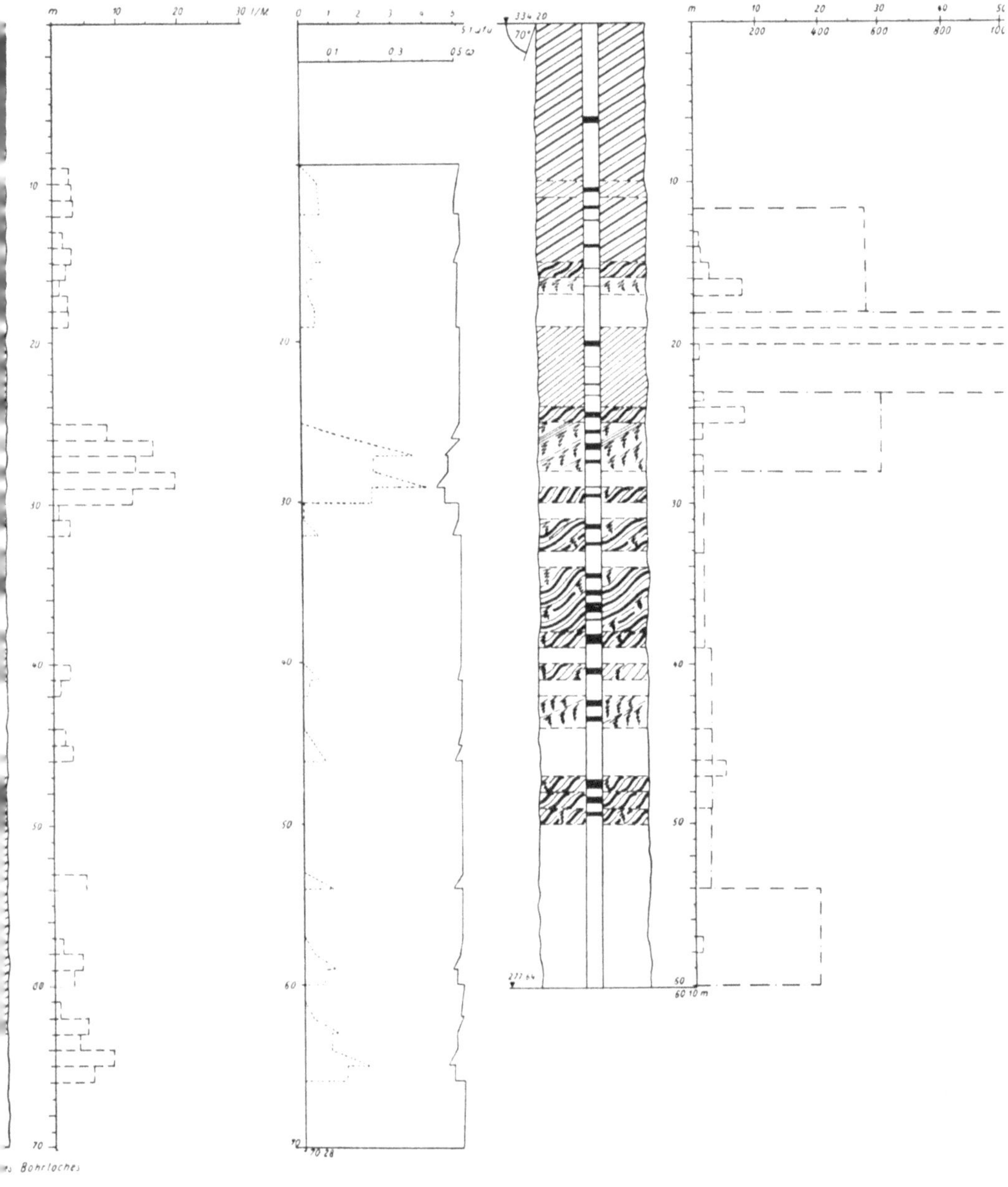

Abb. 7. Rappbodesperre — Schleierbohrungen Wasserseite, Geologische Bohrprofile, Kerngewinn, Wasserdurchlässigkeit, Zementaufnahme, Druckabfall und ω-Wert

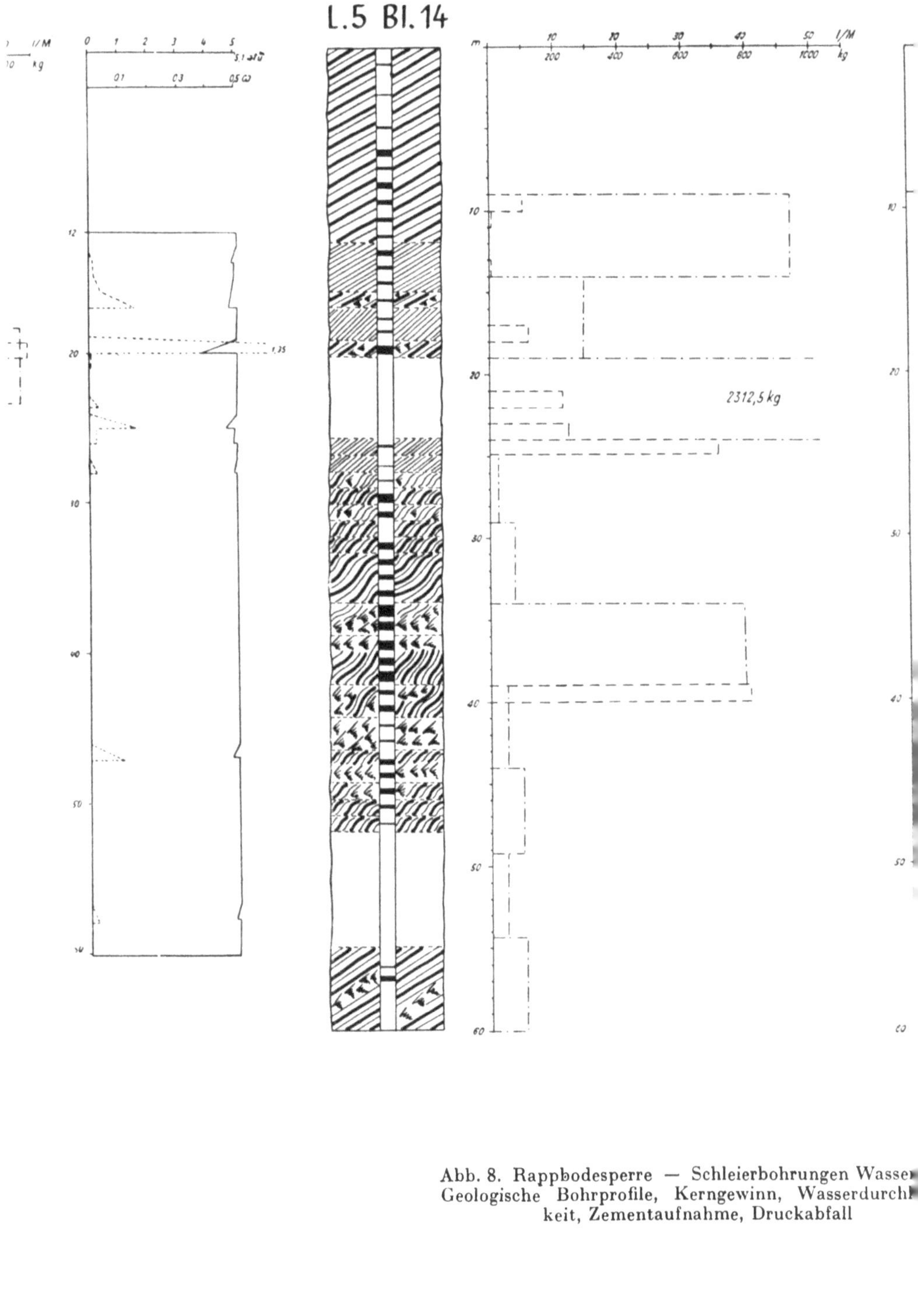

Abb. 8. Rappbodesperre — Schleierbohrungen Wasse
Geologische Bohrprofile, Kerngewinn, Wasserdurch
keit, Zementaufnahme, Druckabfall

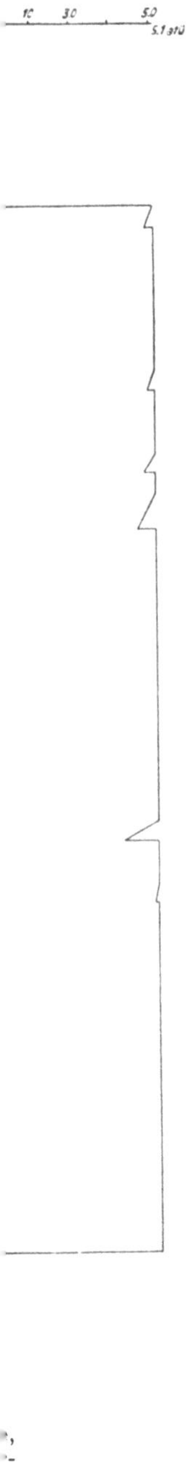

L.7 Bl. 14

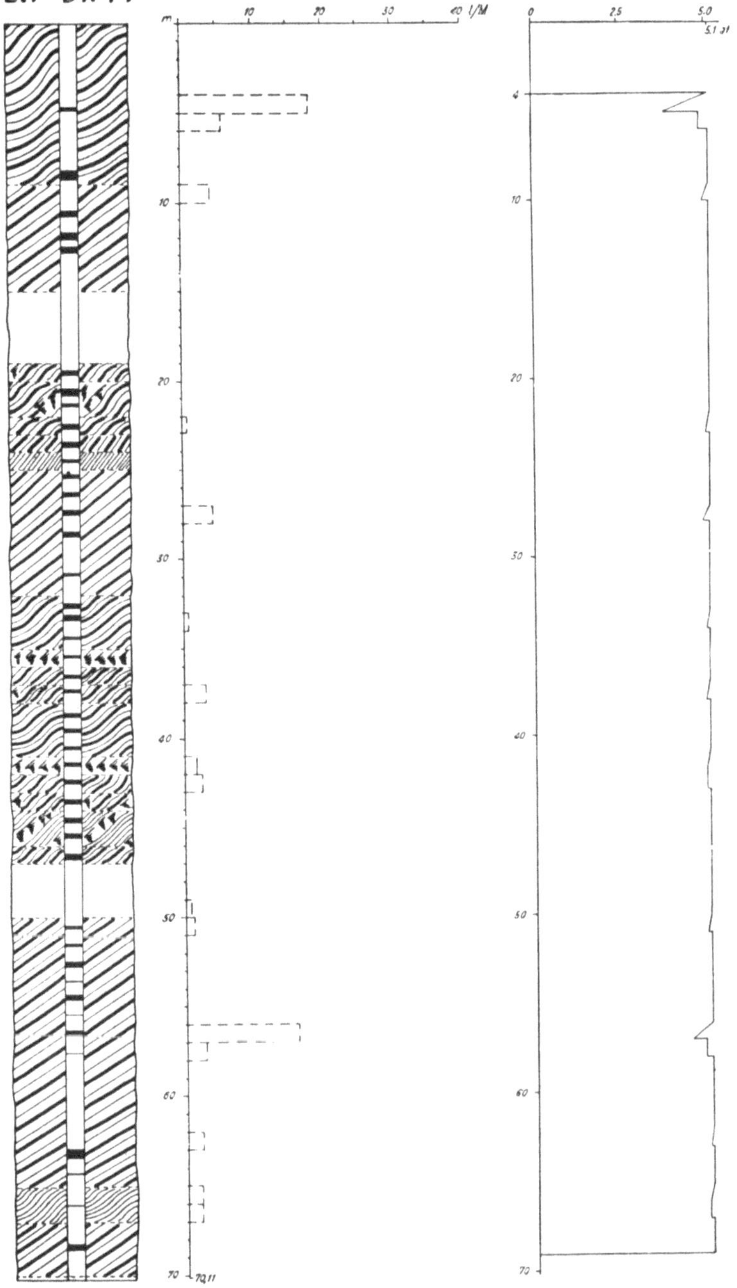

Zementaufnahme 2125 kg

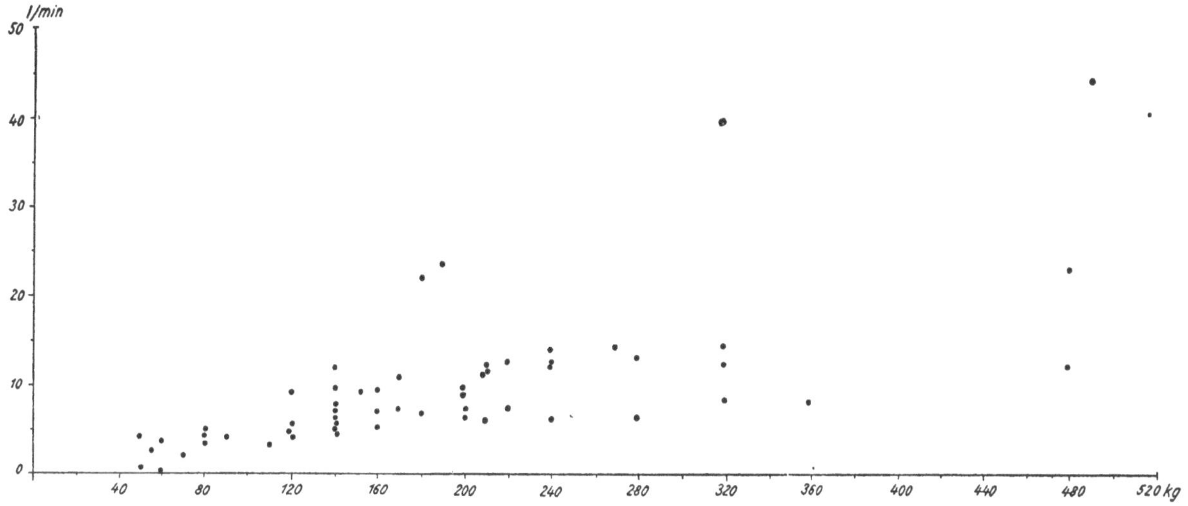

Abb. 6. Wendefurter Sperre — Untersuchungsbohrungen, Diagramm der Wasserdurchlässigkeiten und Zementaufnahmen, Wasserdurchlässigkeiten in l/min, Zementaufnahme in kg

Beanspruchung nicht wie die tonigen Gesteine durch Schieferung, sondern durch Bildung eines dichten Kluftnetzes. Gegenüber den Tonschiefern zeigen also die kompakten Gesteine immer höhere Wasserdurchlässigkeiten.

Mit zunehmender Teufe schließen sich alle Klüfte und Schieferungsfugen, die Wasserdurchlässigkeit nimmt demzufolge nach unten kontinuierlich ab. Daraus ergibt sich, daß alle hohen Wd-Werte, die in größeren Tiefen auftreten, auf Störungen beruhen.

Massive Diabasbänke sind häufig vom umgebenden Tonschiefer abgeschert worden. Die Abscherungsstörungen zeigen ebenfalls hohe Wasserdurchlässigkeiten.

Versucht man, ein Verhältnis zwischen Wasserdurchlässigkeit und Zementaufnahme des Felsens aufzustellen, so stößt das auf Schwierigkeiten. In Abb. 6 werden die Werte für beide Untersuchungen im Koordinatenkreuz dargestellt. Die einzelnen Punkte erhält man, indem die Gesamtwasserdurchlässigkeit für die jeweilige Verpressungsstufe und das zugehörige Verpressungsergebnis aufgetragen werden. Die große Streuung der Punkte zeigt gut, daß eine exakte mathematische Berechnung auf Grund der verschiedenen Viskositäten der Flüssigkeiten unmöglich ist. Die Streuung der Punkte in Abb. 6 ist jedoch so, daß unter Berücksichtigung der in der Natur stets vorhandenen Unregelmäßigkeit zu erkennen ist, daß eine gewisse Beziehung zwischen Wasserdurchlässigkeit und Zementaufnahme besteht. Nehmen wir jeweils die Mittelwerte, so ergibt sich der obere Ast einer nach rechts offenen Parabel. Es ist nur dann ein Korrespondieren der Wd- und Injektionswerte zu erwarten, wenn es sich um Spalten handelt, die in ihrer gesamten Anlage ziemlich gleichartig beschaffen sind. Die durchlaufende Wassermenge ist in erster Linie von dem kleinsten Querschnitt der Spalte und von der Zeit der Prüfung abhängig, und zwar um so mehr, je näher der engste Querschnitt der Eintrittsöffnung liegt. Demgegenüber ist die Zementaufnahme nicht an eine bestimmte Zeit und an die Eintrittsöffnung der Kluft gebunden, sondern die Verpressung wird durchgeführt, bis der gesamte Spaltenraum ausgefüllt ist. Aus dem oben Gesagten ergibt sich, daß ein Zement-Wasserdurchlässigkeitsfaktor nur dann aufgestellt werden kann, wenn es sich um vollkommen gleichartige Klüfte handelt, was aber in der Natur nur selten der Fall ist. Liegen also die Punkte tatsächlich auf der Parabel, so kann man damit rechnen, daß der geologische Untergrund ziemlich einheitlich beschaffen ist, während stark streuende Werte darauf hindeuten, daß der Untergrund sehr verschiedenartig ist. Die Ursache dafür ist die faziesbedingte Tektonik, d. h., daß die Gesteine auf tektonische Beanspruchung verschieden reagieren (Schieferung und Klüftung).

b) Rappbodesperre

Wenden wir uns nunmehr der Rappbodesperre zu, um zu untersuchen, ob die bei der Wendefurter Sperre gefundenen Gesetzmäßigkeiten auch hier zutreffen.

Im Bereich der Rappbodesperre sind im Zuge der Baugrunduntersuchung und der betrieblichen Arbeiten seit etwa 1941 mehrere Arten von Kernbohrungen niedergebracht worden.

1. Probebaugrundbohrungen (Kernbohrungen)

Die Auswertung wurde mit rein technischen Zielen in früheren Jahren bereits von WINTER vorgenommen. Die dort gefundenen Gesetzmäßigkeiten lassen sich gut mit den geologischen Verhältnissen erklären. Auf eine nähere Behandlung wird hier verzichtet.

2. Probeschleierbohrungen und Schleierbohrungen

Sie wurden an der Rappbodesperre teils als Kern-, teils als Hammerbohrungen niedergebracht. Zur Auswertung gelangen vorerst nur die Kernbohrungen. Dargestellt werden die geologischen und verpressungstechnischen Ergebnisse, und zwar einmal wie auf Seite 9ff. beschrieben und zum anderen als ω-Wert, wie es in der Sowjetunion üblich ist.

Wenden wir uns zuerst unserer neuen Darstellungsweise zu (Abb. 7). Nachdem versuchsweise die ω-Werte zusammen mit den übrigen Ergebnissen zeichnerisch dargestellt worden waren, wurde später wieder davon abgegangen, da die Zeichnungen sonst zu unübersichtlich geworden wären. Es werden nunmehr folgende Daten berücksichtigt:

Geologische Schichtenfolge,
Kerngewinn,
Wasserdurchlässigkeit in l/min,
Zementaufnahme,
Druckminderung bei der Wasserdurchlässigkeitsprüfung.

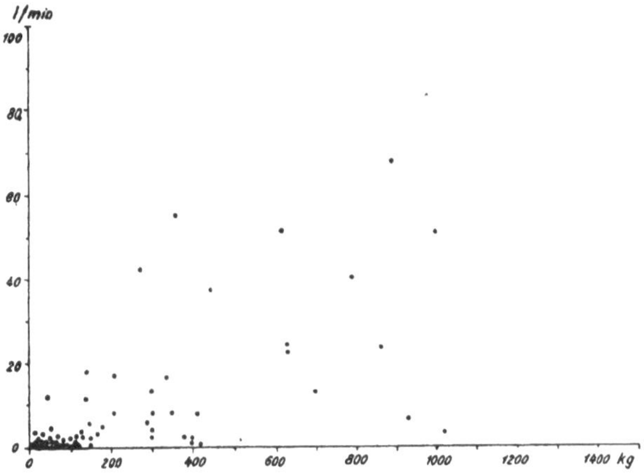

Abb. 9. Rappbodesperre — Schleierbohrungen, Diagramm der Wasserdurchlässigkeiten u. Zementaufnahmen, Wasserdurchlässigkeit in l/min, Zementaufnahmen in kg

Die Ergebnisse lassen ohne weiteres eine Deutung des geologischen Untergrundes zu.

Die Bohrung L 1 Bl. 14 (Abb. 7) zeigt von 22—28 m hohe Wd-Werte und Zementaufnahmen. Gleichzeitig ist der Kerngewinn nur gering. Der Schiefer, der oben noch ebenplattig ist, wird nach unten flaserig und schließlich verruschelt. Außerdem ist der Schiefer auch nicht mehr gebändert. Der gesamte Befund deutet darauf hin, daß wir es hier mit einer Abscherungsstörung zu tun haben, wie sie häufig an Gesteinsgrenzen zu finden ist. Der sandige gebänderte Schiefer im Hangenden dieser Zone ist noch stark geklüftet und zeigt somit höhere Wasserdurchlässigkeiten. Das im Liegenden der Störung folgende milde tonige Gestein ist dicht. Größere Zementaufnahmen und Wasserdurchlässigkeiten kommen in dieser Bohrung in Verbindung mit gebänderten Schiefern oder an Schichtgrenzen vor.

Bei der Bohrung L 2 Bl. 14 handelt es sich von 25—30 m um dieselbe Abscherungsstörung wie bei 22—28 m in der Bohrung L 1 Bl. 14. Eine Störung in Bohrung L 1 Bl. 14 zwischen 51—54 m entspricht einer Störung in Bohrung L 2 Bl. 14 zwischen 62 und 66 m. Die gleichen Verhältnisse lassen sich in den entsprechenden Teufen in Bohrung L 3 Bl. 14 beobachten. Alle Bohrungen lassen erkennen, daß hohe Wd-Werte und Zementaufnahmen stets mit einem Gesteinswechsel zusammentreffen. In Bohrung L 5 Bl. 14 (Abb. 8) entsprechen höchster Wd-Wert und höchste Zementaufnahme anscheinend einander nicht (bei 24 und 39 m), jedoch liegen in beiden Fällen die Höchstwerte sehr eng beieinander, so daß der Unterschied nur auf der Arbeitsweise beruhen kann.

Die enorm hohe Zementaufnahme in Bohrung L 5 Bl. 14 zwischen 9 und 14 m ist wahrscheinlich darauf zurückzuführen, daß das Injektionsgut nach oben hin ausgebrochen ist. Dasselbe ist sicher auch bei der Wasserdurchlässigkeitsprüfung in Bohrung L 7 Bl. 14 bei 4 m der Fall.

Anhand der kurzen Beschreibung und der Betrachtung der Abb. 5, 7 und 8 läßt sich die Abhängigkeit der Untersuchungsergebnisse von den geologischen Gegebenheiten ohne weiteres erkennen. Der Versuch, eine Beziehung zwischen Wd-Werten und Zementverbrauch aufzustellen, mißlang für die Schleierbohrungen an der Rappbodesperre (Abb. 9). Die Werte streuen so, daß sich nicht einmal eine gewisse Tendenz ergibt. Die Begründung hierfür wurde bereits weiter oben gegeben. Nach der Streuung der Werte zu urteilen, handelt es sich hier um einen sehr uneinheitlichen Untergrund (Wechsellagerung zwischen gebänderten und ungebänderten Tonschiefern).

Ein anderer Versuch, die Abhängigkeit des Druckes von der eingepreßten Wassermenge nachzuweisen, gelang zum Teil (Abb. 10). Allerdings ist auch hier eine ziemliche Streuung der Werte zu beobachten. Die Mittelwerte ergeben einen Parabelast, woraus zu ersehen ist, daß die Druckminderung langsamer vonstatten geht als die durchgelaufene Wassermenge steigt. Die Streuung kann verschiedene Ursachen haben.

Viele enge Spalten ergeben zwar einen relativ hohen Wasserdurchfluß, jedoch die Reibung an den vielen Wänden ermöglicht es, den Druck relativ hoch zu halten. Bei einer weiten Spalte, die dieselbe Wasserdurchlässigkeit zeigt wie die Summe der eben erwähnten engen, wird ein größerer Druckabfall auftreten, da die Reibung nur an zwei Kluftwänden wirksam ist.

Eine weitere Erklärung für die Streuung der Druck-Wasserdurchlässigkeitswerte wäre so zu denken, daß man annimmt:

In zwei Meßstufen kommen verschieden weite Spalten vor. Die weitere Spalte der einen Stufe ist durch die vorangegangene Waschung des Gebirges nicht restlos sauber gespült worden, so daß in ihr noch lehmiges Material enthalten ist. Wenn die Wd-Prüfung beginnt, wirkt das lehmige Material vorerst noch als Widerstand. Erst langsam wird der Lehm fortgespült. Zwangsläufig muß ein Druckabfall auftreten. Die durchgeflossene Wassermenge steigt in dem Maße, wie der Widerstand nachläßt. Da nur der Enddruck aufgeschrieben wird, läßt sich auf Grund der vorliegenden Unterlagen dieser Vorgang nicht mehr nachweisen. Würde der Druck laufend registriert werden, so müßte dieser eine langsam abfallende Kurve zeigen, die in die Asymptote übergeht. Der zuerst geringe Wasserdurchfluß wird im selben Maße, wie der Druck abnimmt, zunehmen, bis auch er konstante Werte zeigt. Die durchgeflossene Wassermenge ist also in diesem Falle nur ein Durchschnittswert, der keinen genauen Anhaltspunkt für die Kluftweite gibt.

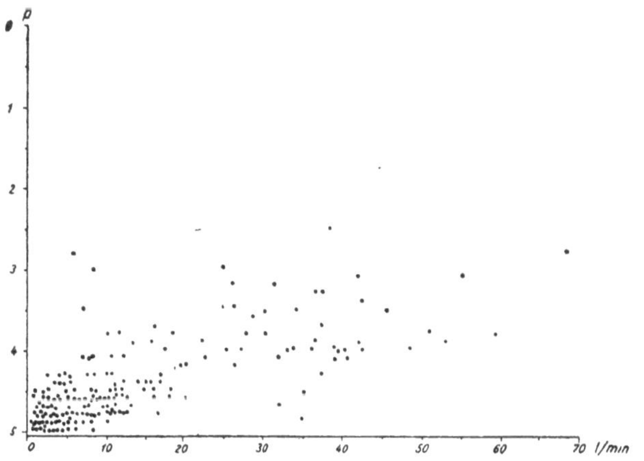

Abb. 10. Rappbodesperre, Schleierbohrungen, Diagramm des Druckabfalls (= p) und der Wasserdurchlässigkeiten (in l/min)

In der Abbildung wird der Ausgangsdruck von 5,1 atü in den Nullpunkt des Koordinatensystems gelegt, so daß also bei der Zahl 5 ein Druckabfall von 0,1 atü und bei der Zahl 4 ein Druckabfall von 1,1 atü dargestellt ist

Abb. 11. Rappbodesperre — S
soweit möglich,

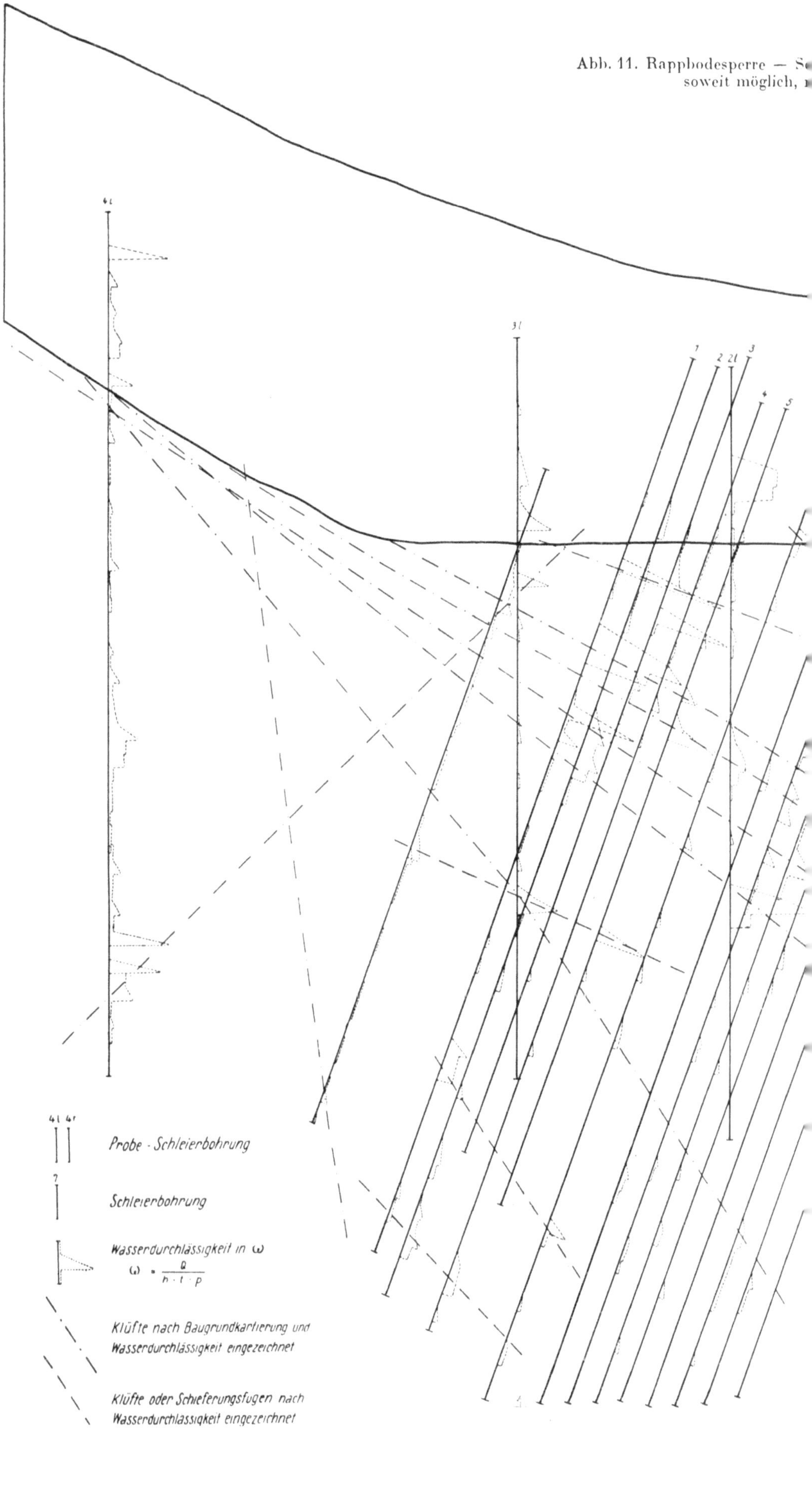

ierbohrungen Wasserseite, Darstellung der Wasserdurchlässigkeitsprüfungen als ω-Wert. Die Klüfte wurden, h der Baugrundkartierung eingezeichnet und in einigen Fällen auf Grund der hohen ω-Werte

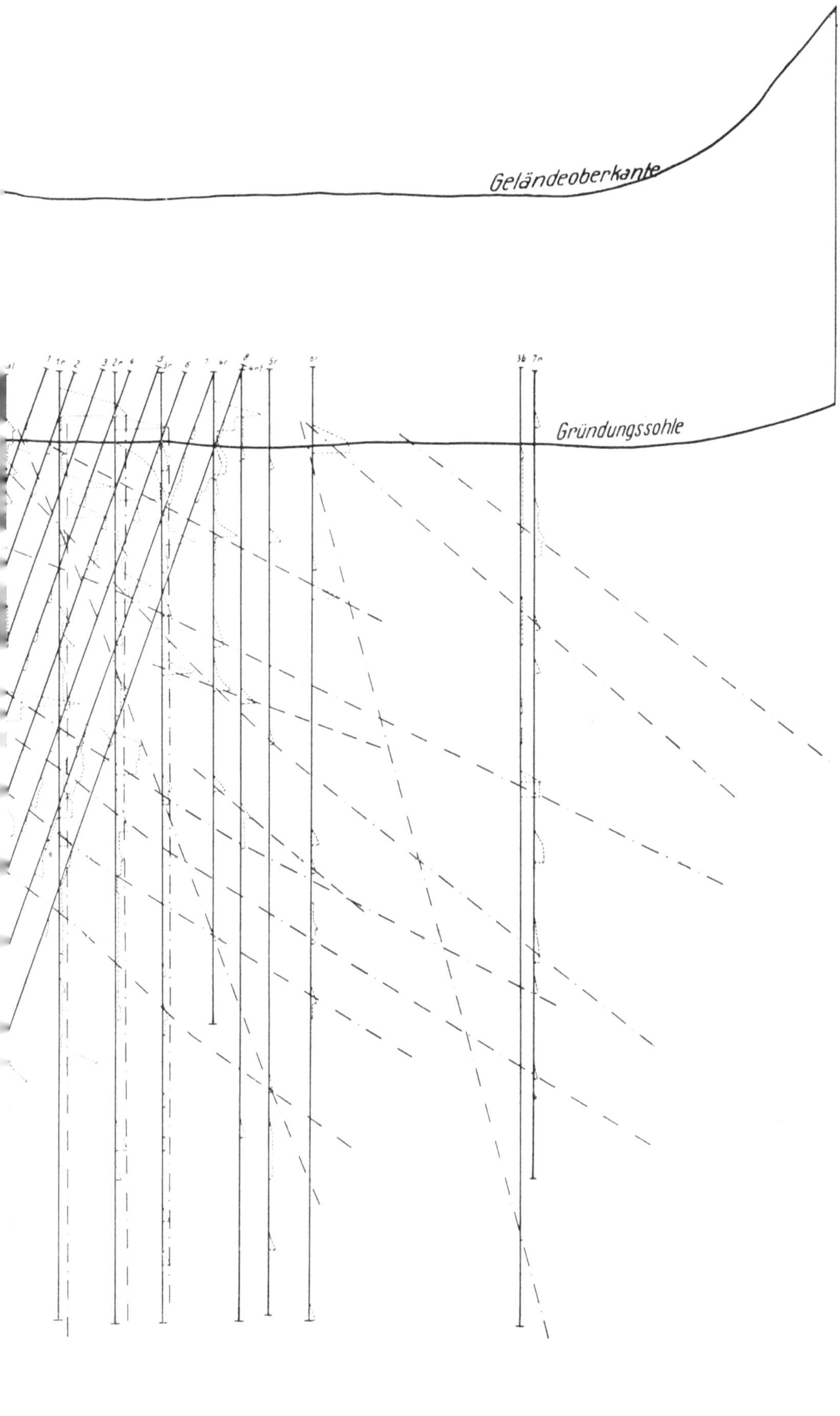

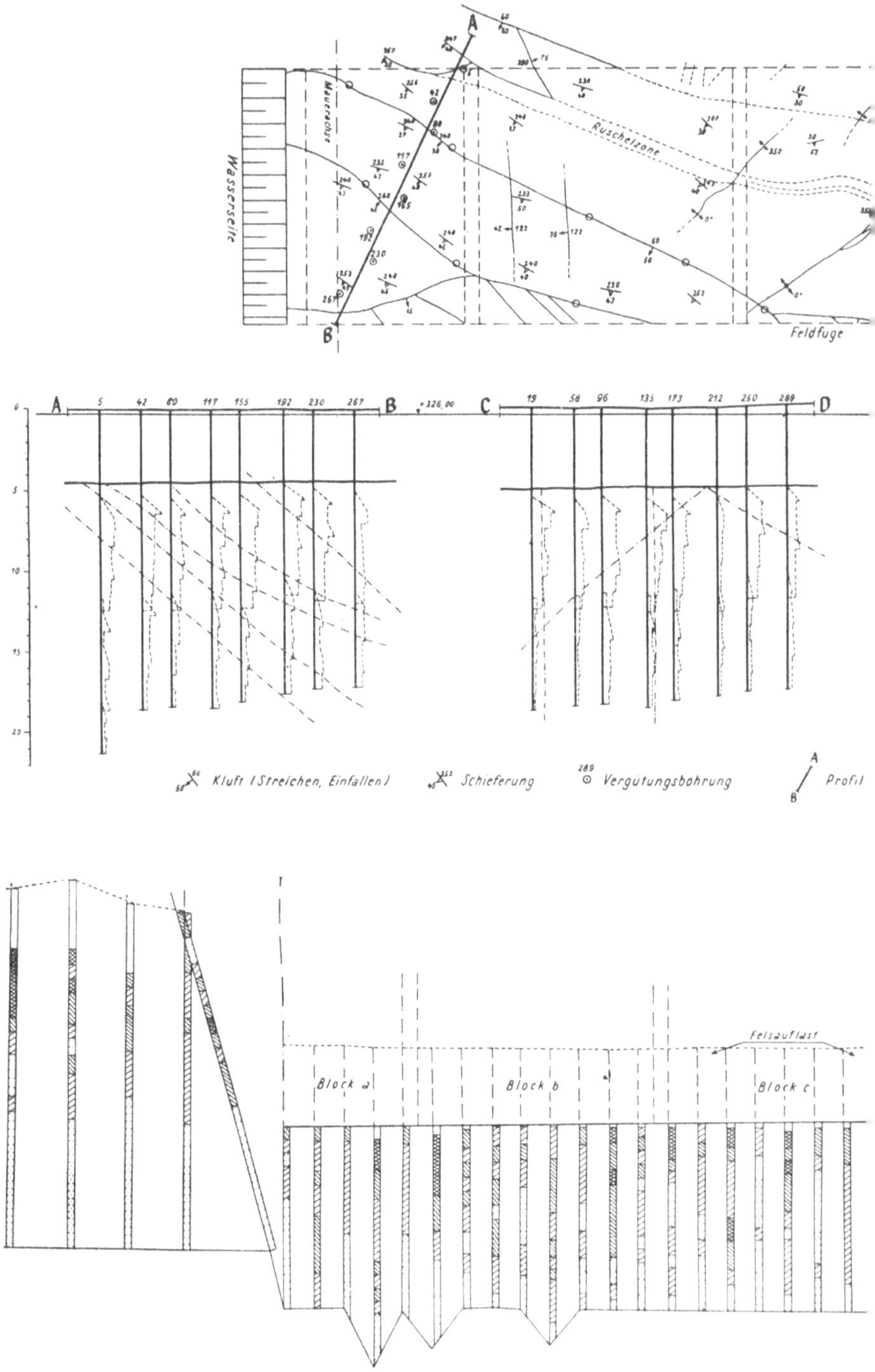

Abb. 13. Rappbodesperre — Baugrundvergütungsbohrungen
die Mitte des Feldes 16 senkrecht zur Mauerachse (nach

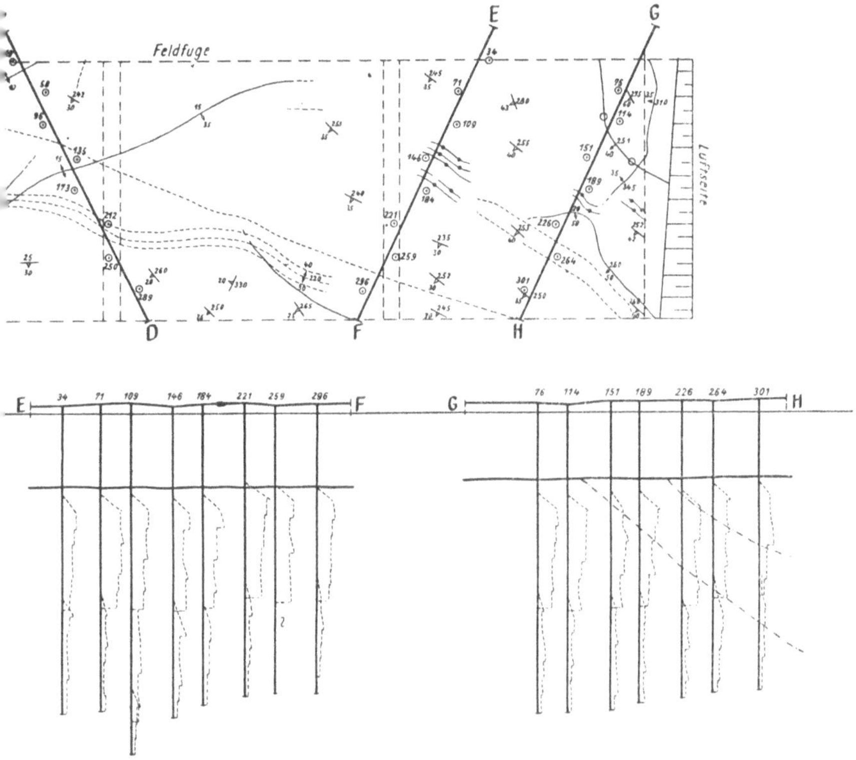

Abb. 12. Rappbodesperre — Ausschnitt aus der Baugrundkartierung des Feldes 17 und Darstellung einiger Vergütungsbohrungen mit ω-Werten

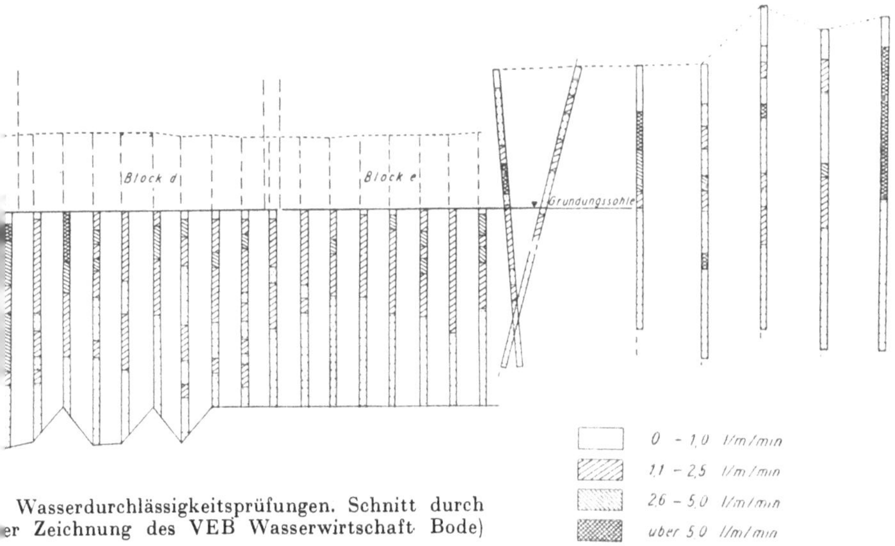

Wasserdurchlässigkeitsprüfungen. Schnitt durch
er Zeichnung des VEB Wasserwirtschaft Bode)

Die zweite, etwas engere Spalte ist durch den vorangegangenen Waschprozeß bereits sauber. Die hier durchfließende Wassermenge bleibt während der ganzen Prüfungszeit konstant. Da es sich um eine engere Spalte handelt als im ersten Fall, ist der Druckabfall geringer. Die verbrauchte Wassermenge während der Prüfungszeit ist dieselbe wie beim ersten Beispiel und ergibt denselben Mittelwert. Aus diesen Betrachtungen ergibt sich auch, daß im ersten Fall keine Beziehung zwischen Wd-Prüfung und Zementverbrauch bestehen kann.

Als eine sehr wichtige Auswertungsmethode erscheint mir der Versuch, die ω-Werte darzustellen. In ω sind sämtliche bei den Wd-Prüfungen erfaßbaren Werte enthalten. In der Abb. 11 ist ein Profil mit einigen Schleier- und Probeschleierbohrungen von der Wasserseite der Rappbode-Staumauer mit den dazugehörigen ω-Werten zu sehen. Nachdem diese Werte eingetragen waren, wurde das Einfallen der Klüfte nach der Baugrundkartierung eingezeichnet, und es zeigte sich, daß die Klüfte jeweils mit den höchsten ω-Werten zusammenfielen. Aus der Abb. 11 ist zu ersehen, daß die Hauptstörungsrichtung stets nach SO einfällt, genau so, wie es auch aus der Baugrundkartierung bekannt ist. Ganz deutlich wird dies kurz oberhalb der Endteufe der Bohrungen 1, 2 und 4 im Block 14. Dasselbe zeigen auch die Bohrungen 2al, 1r, 2r und 3r. Die Bohrungen 1r bis 3r haben ziemlich hohe ω-Werte, was darauf zurückzuführen ist, daß diese dicht neben steil einfallenden Störungen niedergebracht worden sind.

Weiterhin läßt sich beobachten, daß die Probeschleierbohrungen bereits sehr gute Verpressungsergebnisse zeigen. Dort, wo sich Schleier- und Probeschleierbohrungen schneiden, beträgt der ω-Wert bei den Schleierbohrungen 0 oder annähernd 0.

3. Baugrundvergütungsbohrungen

Nachdem bei der Auswertung der Kernbohrungen gute Ergebnisse erzielt worden sind, soll versucht werden, die neue Methode auch bei den Hammerbohrungen anzuwenden. Zu diesem Zweck wurden einige Profile quer zur geologisch vorgezeichneten Richtung (Schieferung, Hauptkluftrichtung) durch das Feld 17 gelegt und alle durch dieses Profil geschnittenen bzw. in der Nähe befindlichen Bohrungen aufgetragen und die zugehörigen ω-Werte eingezeichnet.

In der Abb. 12 sind diese Ergebnisse für 4 Profile dargestellt. Zu bemerken ist noch, daß es sich im Feld 17 um einen ziemlich einheitlichen Baugrund handelt. Der geologische Untergrund besteht aus dunklen, schwärzlichen milden Tonschiefern. Die Bruchtektonik ist hier nur schwach ausgebildet. Während in einem massigen Gestein in Störungsnähe starke Zerrüttungszonen auftreten, bilden sich in tonig-schiefrigen Gesteinen häufig gut ausgebildete Gleitflächen, und eine Zerrüttung des Nachbargesteines fehlt in der Regel.

Wenn also von vornherein gar keine großen Unterschiede bei der Wasserdurchlässigkeit zu erwarten waren, so zeigt sich auf Abb. 12, wenn man sämtliche ω-Maxima verbindet, doch eine bevorzugte Richtung, die dem Einfallen der Schieferung und dem Einfallen der Hauptkluftrichtung entspricht. Auch alle aus der Baugrundkartierung entnommenen Klüfte (Spalten) folgen den hohen Werten von ω. Besonders deutlich wird dies im Profil C D, wo zwei Bohrungen in der Nähe von steil einfallenden Spalten niedergebracht wurden. In den oberen Teilen der Bohrungen erreicht ω stets sehr hohe Werte. Daß die obere Hälfte des Bohrloches ganz allgemein höhere ω-Werte und damit höhere Wasserdurchlässigkeiten bzw. Zementaufnahmen zeigt, hat m. E. verschiedene Gründe. Einmal werden Witterungseinflüsse dazu beitragen, die obere Felszone etwas aufzulockern, zum anderen wird es auch auf die Sprengarbeiten beim Felsaushub zurückzuführen sein. Vielleicht erfährt der Felsen auch durch das Abräumen der oberen Felsschichten eine gewisse Entspannung. Darauf deutet auch die Beobachtung hin, daß bei Bohrungen in und außerhalb der Baugrube stets Zonen mit ähnlich großen Wasserdurchlässigkeiten zu beobachten sind, obwohl doch eigentlich zu erwarten wäre, daß man beim Bohren ab Baugrubensohle sofort in ziemlich undurchlässige Schichten kommen müßte (Abb. 13).

Abschließend sei noch darauf hingewiesen, daß sich die Wd- und Injektionsergebnisse bei Kernbohrungen geologisch viel leichter deuten lassen als bei im Schlagbohrverfahren niedergebrachten Bohrlöchern. In den meisten Fällen war eine Deutung bei letzteren gar nicht möglich. Wahrscheinlich ist diese Tatsache auf die Bohrart zurückzuführen. Beim Kernbohren wird ja das Gestein durch die Krone aus dem Felsen herausgeschnitten, so daß die Spalten und Klüfte unversehrt bleiben. Dagegen besteht beim Schlagbohrverfahren die Möglichkeit, daß durch die Meißelarbeit das gelockerte Material teilweise in die Klüfte hineingedrückt wird. Aus diesem Grunde sollte man bei ingenieurgeologischen Begutachtungen nur mit Kernbohrungen arbeiten. Zwangsläufig drängt sich auch die Frage auf, ob es sich überhaupt empfiehlt, das schlagende Bohren bei rein betrieblichen Arbeiten (Baugrundvergütung, Schleierlöcher usw.) anzuwenden. Eine endgültige Stellungnahme ist bei dem derzeitigen Stand der Auswertung noch nicht möglich.

III. Zusammenfassung der ingenieurgeologischen Ergebnisse

Sehen wir von den für die technische Durchführung der Vergütung sehr wesentlichen Untersuchungen WINTERs ab, so kommen wir zu folgenden Ergebnissen:

1. Für die Baugrunduntersuchungsbohrungen der Wendefurter Sperre wurde eine Auswertung der Wd- und Vergütungsergebnisse in Zusammenhang mit den geologischen Bohrergebnissen versucht. Es ließ sich feststellen, daß Wd- und Injektionswerte die geologischen Verhältnisse widerspiegeln. Hohe Werte treten in klüftigen Gesteinen und an tektonischen Störungen auf. Niedrige Werte sind an schiefrig-tonige Gesteine gebunden.

2. Die Schleier- und Probeschleierbohrungen der Rappbodesperre lassen ebenfalls eine Abhängigkeit der Wasserdurchlässigkeit und der Zementaufnahme von den geologischen Verhältnissen erkennen.

3. Besonders anschaulich ist die Abhängigkeit bei der graphischen Darstellung der ω-Werte (Wasserdurchlässigkeit pro Meter und Minute in Abhängigkei vom Druck). Sämtliche von der Baugrundkartierung übernommenen Spalten konnten den hohen ω-Werten zugeordnet werden. Diese Methode gibt die Möglichkeit, alle oberflächlich bekannten Spalten bis in größere Tiefen nachzuweisen.

4. Der Versuch, einer bestimmten Wasserdurchlässigkeit eine bestimmte Zementaufnahme für die

Spalten zuzuordnen, führte zu keinem eindeutigen Ergebnis. Die graphische Darstellung zeigt in einem einheitlichen Gestein eine Kurve, die einer Parabel nahekommt. In verschiedenartigen Gesteinen zeigen die Punkte eine starke Streuung. Daß die Bestimmung eines „Zement-Wasser-Faktors" nicht möglich ist, liegt daran, daß die Wasserdurchlässigkeit einen Anhaltspunkt gibt über die Spaltenöffnung im Bohrloch und außerdem zeitlich gebunden ist. Die Verpressung wird unabhängig von der Zeit durchgeführt. Sämtliche Hohlräume werden ausgepreßt unabhängig von der Spaltenöffnung, vorausgesetzt, daß sie mindestens so weit ist, daß die Zementkörner hindurch können.

5. Bei dem Versuch, nachzuweisen, daß ein Verhältnis zwischen Wasserdurchlässigkeit und Druckabfall besteht, zeigte sich ebenfalls eine starke Streuung der Punkte in der graphischen Darstellung, jedoch läßt sich eine gewisse Gesetzmäßigkeit feststellen. Die starke Streuung kann wahrscheinlich darauf zurückgeführt werden, daß manche Spalten nur ungenügend sauber gewaschen wurden und erst während des Arbeitsganges endgültig gesäubert werden. Der Wasserdurchlässigkeitswert ist in solchen Fällen nur ein Mittelwert. Da der Druckabfall bei sauberen und unsauberen Spalten nur immer am Ende der Prüfung abgelesen wird, kann er für verschiedene Wasserdurchlässigkeiten gleich sein.

Die bisherigen Untersuchungen auf geologischer Grundlage haben gezeigt, daß bei entsprechender Auswertung der Wd- und Verpressungsergebnisse Aussagen über die Beschaffenheit des geologischen Untergrundes bei Talsperren und anderen Bauten sehr gut möglich sind. Die Verbesserung der Methode und die zunehmende Genauigkeit der Schlußfolgerungen muß das künftige Ziel solcher Arbeiten sein. Es muß erreicht werden, die Baugrunduntersuchungen ausgiebiger und zugleich wirtschaftlicher durchzuführen.

IV. Literatur

BENDEL, L.: Ingenieurgeologie. – Bd. I, 1944; Bd. II, 1948. Springer-Verlag. Wien 1948.

BERNATZIK, W.: Grundlagen der modernen Zementinjektion. – Wochenschrift für Hoch- u. Tiefbau, 37. Jg., S. 578–581. Berlin 1938.

– Die Zementeinpressung und ihre Überprüfung durch Zementbohrkerne. – Die Bautechnik, Jg. 20, H. 13/14, S. 121–125; H. 15, S. 135 bis 137. Berlin 1942.

BLATTER, C.: Sondierungen und Injektionen für Talsperren. – Wasser- und Energiewirtschaft, Nr. 7–9. Zürich 1956.

GESS, J.: Auswertung von Vergütungsbohrungen an der Rappbodetalsperre. – Archiv der Staatlichen Geologischen Kommission. Berlin 1953.

JÄHDE, H.: Die Abdichtung des Untergrundes beim Talsperrenbau. – Beton und Eisen, H. 12, S. 193ff. Berlin 1937.

– Baugrundverbesserung im Talsperrenbau. – Wasserwirtschaft – Wassertechnik, H. 1/1952, H. 2/1952, H. 3/1952. Berlin 1952.

– Injektionen zur Verbesserung von Baugrund und Bauwerk. – VEB Verlag Technik. Berlin 1953.

KEIL, K.: Ingenieurgeologie und Geotechnik. – 2. Aufl. Halle (Saale) 1954.

KÖNIG, H. W.: Neuzeitliche Einpreßtechnik. – Die Wasserwirtschaft, Jg. 42, H. 4, S. 120–132. Stuttgart 1952.

KOLLBRUNNER, C. F.: Injektionen. – Privatgesellsch. f. Bodenforschung und Erdbaumechanik, Zürich. Bericht Nr. 4, AG. Gebr. Leemann & Co. Zürich-Leipzig 1943.

– Fundation und Konsolidation. – Bd. I, II, III. Zürich 1946, 1948, 1952.

MAAG, E.: Über die Verfestigung und Dichtung des Baugrundes. – Erdbaukurs der E.T.H., Zürich 1938.

MUSTERLE, Th.: Zementeinpressung zur Wasserabdichtung an einem Grundablaß der Bleilochsperre. – Bautechnik, H. 10, S. 117. Berlin 1937.

REUTER, F.: Geologische und ingenieurgeologische Probleme beim Bau der Talsperren des Bodewerkes. – Z. f. angew. Geol., Bd. 2, H. 10, S. 434–440. Akademie-Verlag, Berlin 1956.

WEBER, H.: Über die Abdichtung des Untergrundes durch Zementeinpressungen. – Bautechnik, H. 9/14, S. 54. Berlin 1944.

WEISSBACH, Ch.: Schöpferische und zerstörende Kraft des Wassers. – Wasserwirtschaft – Wassertechnik, Jg. 6, H. 4, S. 89–105. Berlin 1956.

WINTER: Bericht über die Einpreßversuche für die Untergrundverfestigung der Rappbodesperre. – Archiv des VEB Wasserwirtschaft Bode. Quedlinburg 1942 (unveröffentl.)

Zu Fragen der ingenieurgeologischen Baugrundkartierung, besonders im Mittelgebirge

MARTIN ROST, Jena

Aus einem bereits seit geraumer Zeit angewandten System der baugrundgeologischen Kartierung im deutschen Flachland entwickelt sich gegenwärtig eine systematische Ordnung solcher Kartierung auch im deutschen Mittelgebirge. Mit der Veröffentlichung des Nachfolgenden bezweckt der Verfasser, einen Einblick in das System und die Praxis der baugrundgeologischen Mittelgebirgskartierung nach dem gegenwärtigen Stand und an Hand eines geeigneten Beispiels zu geben und dabei das Neuartige und Besondere dieser Kartierung aufzuzeigen.

Die Ingenieurgeologie ist bekanntlich der Zweig der angewandten Geologie, der es sich zur Aufgabe gesetzt hat, von der wissenschaftlichen Geologie her die Arbeitsbrücke zu jenem Teil der Technik zu schlagen, der sich u. a. mit der Einbindung von Trassen und Bauwerken aller Art in das Gebirge des betreffenden Lage- oder Standortes zu befassen hat.

Der fortgeschrittenen Arbeitsweise dieser Technik kann es im Rahmen ihrer Vorplanung und Planung heute nicht mehr genügen, sich für jeden einzelnen Arbeitsabschnitt mittels Spezialgutachtens eine Anschauung über die jeweils vorliegende geologische Standortseigentümlichkeit der nächstvorzunehmenden Baumaßnahme zu verschaffen. Vielmehr muß der Planer heute – zugunsten einer jetzt mehr auf lange Sicht vorbereitenden, zweckentsprechenden, d. h. kulturell und wirtschaftlich sinnvoll vorgehenden Entwicklung seiner Planziele – möglichst bereits während der Anfänge seiner Überlegungen u. a. auch die geologischen Voraussetzungen für die rechte An- und Einordnung seiner Bauwerke in die zum Bauen zur Verfügung stehende, z. T. sehr verschiedenartige Örtlichkeit oder Landschaft kennen sowie zum Arbeitsgebrauch möglichst anschaulich vorliegen haben.

Einem solchen Erfordernis kommt bestenfalls eine ingenieurgeologische Baugrundkarte oder -übersichtskarte[1]) mit zusätzlicher Erläuterung entgegen. Sie wird vorzugsweise auf den jeweiligen technischen Verwendungszweck abgestimmt sein. Wir kennen ingenieurgeologische Karten für viele Arten von Bauvorhaben, so für Leitungstrassen, für Verkehrswege, für Talsperren, für Industriegebiete sowie nicht zuletzt für Stadt- und Dorfplanungen größeren Umfangs. Es ist gar kein Zweifel, daß die Technik im Laufe ihrer schnell vorwärtsschreitenden Entwicklung ihre Existenz schon jetzt sehr zu schätzen weiß.

Die Geologie ist diesem Bedürfnis nur schrittweise gefolgt. Das anfänglich starke Auseinandergehen der Art und Weise der zweckgebundenen Darstellung des speziellen Kartenausdrucks sowie die hin und wieder selbst in den Reihen der Geologen aufgekommenen

[1]) Es wird auf die Existenz auch bodenphysikalischer Baugrundkarten hingewiesen. Sie sagen z. B. über Zonen gleicher Bodenwiderstandsdrücke aus. Hier sind mit geologischen Methoden erarbeitete Baugrundkarten gemeint.

Zweifel an der rechten Durchführbarkeit solcher Kartendarstellungen, welch letztere immer irgendwie als „Abweichung“ von der wissenschaftlich landläufigen geologischen Kartographie empfunden wurden, haben die Geologen nur mit größter Vorsicht und darum zögernd den an sie herangetretenen Anforderungen hinsichtlich einer speziellen ingenieurgeologischen Baugrundkartierung Rechnung getragen. Oft gehören ja selbst für den Fachgeologen nicht geringer „Mut“ und sehr viel einfühlendes geologisches Verständnis dazu, zum Beispiel einerseits *mehrere* Bodenschichten von gleicher petrographischer Konsistenz oder Steifezahl, die zu verschiedenen stratigraphischen Einheiten gehören, in der ingenieurgeologischen Karte unter *einem* Symbol darzustellen oder andererseits *eine* stratigraphische Einheit in *zwei* oder mehr Symbolwerte von unterschiedlicher ingenieurgeologischer Bedeutung aufzugliedern. Wie oft ist es auch vorgekommen, daß sich Ingenieurgeologen von ihren geologischen Fachgenossen für diese geologisch mutige Tat unrühmlicher „Unwissenschaftlichkeit“ haben verdächtigen oder zeihen lassen müssen! Das hinderte indessen die Ingenieurgeologen nicht daran, sich schrittweise — unter Heranziehen und Sprechenlassen *aller* örtlich zutreffenden geologisch-wissenschaftlichen Grundlagen und Ausdrucksweisen — von der üblichen geologischen Kartendarstellung unabhängig zu machen und zur Unterstützung der Belange der Bautechnik eigene Wege, nämlich die einer zweckentsprechenden ingenieurgeologisehen Kartierungsweise, zu gehen.

Der erste Vorstoß in die neue Materie ging in Deutschland von der Deutschen Geologischen Landesanstalt der Sowjetischen Besatzungszone Deutschlands, Sitz Berlin, aus. 1945/46 entwarfen W. DIENEMANN und WÖLK, gestützt auf Arbeiten von STREMME, i. M. 1 : 10000 eine Baugrundkarte vom Bezirk Kreuzberg, Berlin, erster Teil einer später zu ergänzenden Baugrundkarte von Großberlin, in der die Bodenarten der Spreeaue und ihres Südrandes nach allgemeinem Charakter, allgemeinem Bebauungsvorzug und allgemeiner Bebauungsschwierigkeit (Schlamm-, Moor-, Torfanfall), erbohrter Mächtigkeit und Grundwasserstand aufgeführt waren. Von einer Aufgliederung des Baugrundes nach Güteklassen wurde damals bewußt noch abgesehen (DIENEMANN & WÖLK 1945/46).

Den zweiten Vorstoß von bereits größerer Tragweite unternahm um 1950 A. GRAUPNER vom Amt für Bodenforschung Hannover. Er führte die ingenieurgeologische Flachlands-Baugrundkartierung der Stadtgebiete von Hannover und Bremen und die ingenieurgeologische Hügellands-Baugrundkartierung des Gebietes der Stadt Hildesheim durch, alle i. M. 1 : 10000 und z. T. mit bis 20stufiger Gliederung (Bremen). Im gleichen Zug lag für A. GRAUPNER die Anfertigung einer ingenieurgeologischen Übersichtskartierung i. M. 1 : 25000 beispielsweise der Stadt Bremen (GRAUPNER 1955/56) mit nach „sehr günstig“, „günstig“, „weniger günstig“ und „ungünstig“ eingestuftem Gütegrad der Baugrundeignung.

Der Fortschritt der GRAUPNERschen Arbeit wurde bei den Übersichtskarten noch wesentlich durch die äußerst zweckdienliche Zusammenfassung verschiedener petrographischer Bodenarten zu neuen Einheiten erzielt. Er unterschied zwei sich ingenieurgeologisch nach allgemeiner Belastbarkeit voneinander abhebende Gruppen, jetzt: die der „*praktisch unzusammendrückbaren Böden*“, z. B. Steine, Kies, Sand; nicht plastischer fester Ton und Schluff; trockene, sandige, ältere Auffülle (= „U“) und der „*stark zusammendrückbaren Böden*“, z. B. Torf, Faulschlamm, Klei, plastischer Ton, plastischer Schluff, junge Auffülle z. T. (= „Z“).

Diese Gruppierung der Böden nach dem unterschiedlichen Wert ihrer Belastbarkeit betrifft bei GRAUPNER ein oberflächennahes Schichtpaket von möglichst 10 m, in einzelnen Fällen bis zu 30 m in $\pm$ ebenschichtigen bis leicht geneigten quartären und tertiären Flachlandsböden und wohl auch in ebenso gelagerten bis leichtgefalteten Sedimentgebirgen kretazischer, jurassischer und triassischer Abkunft. Sie bezieht sich auf alles an Gebirge, was innerhalb dieser Tiefengrenze als Schichtenganzheit oder mächtigkeitsveränderliche Wechsellagerung der genannten petrographischen Hauptunterscheidungsgruppen vorkommt, und sie wird zudem unmittelbar modifiziert nach Scherfestigkeit, Rutschneigung, Frostempfindlichkeit und Feuchtigkeitsgrad sowie nach Grundwasserführung und -einfluß mechanischer und chemisch-bakteriologischer Art.

So sehr es nun GRAUNPER gelungen und demnach auch zu danken ist, Gesteinstypen nach Bodenbebaubarkeit aufgestellt zu haben, man seiner Art ihrer Ableitung beipflichten kann und auch der Kartenausdruck der absoluten Darstellungsmöglichkeit einer gewünschten Baubodenklassifikation außerordentlich nahe kommt, hatte ich mich für Arbeiten im Gebirgsteil der DDR entschlossen, auf ein umfassenderes System der Baugrundbewertung, das darum nicht komplizierter ist, zuzukommen. GRAUPNER ist sich übrigens selbst darüber klar, daß sein System so, wie es von ihm ausgearbeitet und veröffentlicht wurde, nicht universellen Anwendungscharakter trägt, da es sich „überwiegend auf das Flachland bezieht“. „Baugrundgeologische Untersuchungen an den Gesteinen der Mittelgebirge“, fährt er fort, „liegen noch kaum vor; auch müssen die baugrundgeologischen Kartiermethoden und Darstellungsarten dafür erst noch weitgehend erarbeitet werden“.

Es darf zum Ausdruck gebracht werden, daß dies gar nicht so schwierig ist, wie es sich GRAUPNER an der Schwelle seines Ausblicks glaubte vorstellen zu müssen. Kurz nach der Veröffentlichung seiner Arbeit, wenn nicht zeitlich etwas vor dieser, stand der Geologische Dienst Jena der Staatlichen Geologischen Kommission bereits voll in der praktischen Bearbeitung des neuartigen Stoffgebietes. Die an diese Dienststelle ergangenen Aufträge für baugrundgeologische Kartierung von großflächenhaftem Siedlungsgebiet im Thüringer Wald — es handelte sich hauptsächlich um die Kartierung der Stadtgebiete von Suhl und Zella-Mehlis — stellten die Dienststelle hinsichtlich der Bearbeitung einer solchen Spezialaufgabe mitten in eines der bekanntesten deutschen Mittelgebirge hinein, zwangen sie geradezu, die von GRAUPNER aufgezeigte Kartierungsmethode und das von ihm empfohlene Bewertungssystem auf Mittelgebirgsverhältnisse mit Vorkommen von Plutoniten, Vulkaniten, Schiefergebirge usf. älterer Art und ihren Deck- und Hangschuttmänteln möglicherweise zu übertragen bzw. gegebenenfalls rückläufig oder vorausschauend umzustellen. Im Vorland gelangten mit Ilmenau, Schleusingen und Meiningen auch flächenhafte Baugrundbewertungen auf permischem und triassischem Untergrund in das erweiterte Gesichtsfeld.

Die Folge war, daß in das bisher von GRAUPNER angewandte System, wollte man es hier zur Anwendung bringen, von vornherein Festgestein („Fels“) als Grün-

Tabelle 1. Bebaubarkeitsbewertung der Bodenformationen für Baugrundübersichtskarten

A. System nach 1. Lagerung der Bodenformationen in ebenem Gelände und
2. Ausgangsnorm der Qualifikation

Nach GRAUPNER:
U = Unzerdrückbares Gebirge;
Z = Stark zerdrückbares Gebirge; „∅" hier = Mächtigkeit

Güteklasse	Gestein, allgemein, und Gesteinsfolge	Spezielle Gesteinsnatur und technische Abhilfemittel gegen ihre eventuelle Ungunst	Entsprechendes Symbol und Gruppenzuteilung (Gr) nach GRAUPNER	
Ia sehr gut	a) Anstehende magmatische, Kristallin- oder Sedimentgesteine (= „Fels")	a) Fels, massig, bankig oder plattig; unverwittert oder leicht angewittert; wenig klüftig oder schiefrig; fest; hohlraumfrei	U	
	b) Schichtgebirge von Lockergestein: Konglomerate, Gerölle, Schotter, Kiese, Grobsande in nicht unterbrochener, starkmächtiger Folge und unter bestimmten petrographischen Voraussetzungen (siehe rechts)	b) Lockergestein durch zähe bindige Mittel dicht verbunden, daher festliegend; hohlraumfrei	↓ U 10 – 15	Gr. A
Ib gut	a) Magmatische, Kristallin- oder Sedimentgesteine (= „Fels") mit Trümmergesteinsdecke von < 2 m ∅	a) Fels vom Habitus wie oben, doch auch Schiefergestein; deutlich angewittert bis zuweilen tiefgründig verwittert; Klüftung und Schieferung deutlicher vorhanden, doch noch immer unbedeutend hervortretend; hohlraumfrei. Trümmergesteinsdecke mit tonig-sandigem Bindemittel, festgelagert	↓ U < 2 m ∅ — U 10	
	b) Schichtgebirge von Lockergestein: Gerölle, Schotter, Kies, Sand und nicht plastischer Ton und Schluff in ± mächtiger geschlossener Folge	b) Grobe Lockergesteine, Psammite und Pelite hart und festgelagert, da z. B. in den Sandmitteln mit im allgemeinen gut eingeregelter Geröll- oder Kornlagerung; hohlraumfrei	↓ U 10 – 15	Gr. A
II günstig bis mäßig („mittel")	Wechselnd mächtige Lockergesteins- oder Humusdecke aus:			
	a) Schluff, Sand und Kies von < 4 m ∅	a) Veränderlichfeste, hier trockene feste Schluffe; veränderlichfeste trockene Sande und Kiese mit im allgemeinen wenig eingeregelter Geröll- und Kornlagerung	↓ „U" < 4 m ∅ — U? 10	
	b) Ton und Lehm von < 2 m ∅	b) Veränderlichfeste, hier trockene feste Tone und Lehme, evtl. oberflächlich abstechbar	↓ „Z" < 2 m ∅ — U? 10	Gr. B, b
	c) Torf und Moor von < 2 m ∅	c) Torf und Moor plastisch bis krümelig; abstechbar oder austrockenbar	↓ Z < 2 m ∅ — U? 10	
	d) Vorstehende Bodenarten im Wechsel bis 10 m Tiefe	d) wie vordem	↓ U > 4 m ∅ — Z < 2 m ∅ — U 10	Gr. B, c
	über: älterem Grundgebirge	Grundgebirge im allgemeinen fest, doch je nach petrographischem Inhalt, Klüftung, Schieferung, Zersetzungszustand und Wasserführung teilweise veränderlichfest oder aufgelockert		
III gering bis schlecht	a) Schichtgebirge von U-Lockergestein von geringer Mächtigkeit *in häufiger Wechsellagerung* mit Z-Lockergestein von ebenfalls geringer Mächtigkeit in bis 10 m Tiefe	a) Der Lagerungsverband der beiden Gesteinsgruppen an sich ist hinsichtlich Standfestigkeit fraglicher Natur Meliorisationsmittel: Gute Bausohlendränage *)	↓ U/Z/U 10 oder: ↓ Z/U/Z 10	Gr. C, d
	b) Schichtgebirge von U-Lockergestein > 2 m ∅ *über* Z-Lockergestein, gleichfalls > 2 m ∅, *beide über* U-Lockergestein in bis 10 m Tiefe	b) In solcher Lagerung ist der veränderlichfeste Z-Horizont fraglich standfest Meliorisationsmittel: Gute Bausohlendränage *)	↓ U > 2 m ∅ — Z > 2 m ∅ — U 10	Gr. C, c
	c) Schichtgebirge von Z-Lockergestein von > 4 m ∅ *über* U-Lockergestein in bis 10 m Tiefe	c) Eigentümlichkeit des Gesteinsverbandes und Meliorisationsmaßnahme ähnlich wie bei b); bei Z als Moor: Standortverbesserung durch Moorverdrängung *) *) Für a) – c) äußerstes Hilfsmittel: gegebenenfalls Pfählung	↓ Z > 4 m ∅ — U 10	Gr. C, b
	d) Auffülle älterer Art in bis 10 m Tiefe	d) Sehr unterschiedliche Konsistenz und Standfestigkeit	↓ U bis Z 10	
	e) Durch Hohlraumbildung, Bergbauanlagen und Erdfälle charakterisiertes Gebirge	e) Sehr verdächtiges Gebirge mit Gefährdung aller Gründungen		
IV sehr schlecht bis unbebaubar	a) Schichtgebirge von U-Lockergestein von < 2 m ∅ *über* Z-Lockergestein von > 4 m ∅ in bis 10 – 15 m Mächtigkeit des Profils	a) Das Z-Lockergestein ist spezifisch hochplastisch und nicht standfest. Die U-Decke täuscht Standfestigkeit vor *)	↓ U < 2 m ∅ — Z > 4 m ∅ 10 – 15	Gr. D, a
	b) Schichtgebirge von Z-Lockergestein in mindestens bis 10 m Tiefe	b) Nach der Tiefe zu voll durchgehende Plastizität und Standunsicherheit *)	↓ Z! 10 und:	Gr. D, b
	c) Fließtone, -schlicke und -sande (u. a. „Schwimmsand") von größerer Mächtigkeit	c) Seitlich ausknetbar und fließend *) *) a) – c): Abwehrmittel: gegebenenfalls Zementierung	↓ U — Z→ ↓ ←Z→ — U 10 – 15	
	d) Torf u. Moor v. größerer Mächtigkeit	d) Standort nicht zu verbessern möglich	–	
	e) Auffülle jüngerer Art in Tiefen von > 4 m	e) Schwer bis gar nicht zu entfernen, daher ungeeignet für Standortswahl	–	
	f) Mit Hohlräumen und Bergwerksanlagen bis nahe unter Geländedurchsetztes Gebirge	f) Falls nicht zementierbar, unbebaubar	–	

dungsboden einzubauen war, daß man der Klüftigkeit und Schieferigkeit der hierunter zusammenfaßbaren Gesteine Aufmerksamkeit zuzuwenden hatte, daß der natürlichen Konsistenz des Deckschuttes nachzugehen war, daß man die topographischen Differenzen der Bodenverhältnisse in verstärktem Maße bewerten mußte und, was die Hauptsache war und blieb, daß die Skala des neuen Bewertungssystems vom anstehenden festen bzw. veränderlichfesten Gestein und von dessen örtlich gegebener Verwitterungs- und Zerfallszone her den Sinn und Wert einer fast ausgangshaften Grundnorm erhielt. Es ergab sich weiter das Überraschende, daß das die Festgesteinsbewertung enthaltende neue System in das von GRAUPNER aufgestellte für Lockergesteinsbaugrund gewissermaßen verlängernd mit Leichtigkeit überführt werden konnte. Unvorhergesehenerweise und fast wie von selbst gewann das GRAUPNERsche System sonach einen Kopfausbau und eine schlüssige Abrundung, die es aus seiner früheren unzweifelhaften, vom Verfasser andeutungsweise selbst erkannten Einseitigkeit heraushob und nunmehr in viel größerem Umfange anwendbar machte.

In Tabelle 1 ist das vom Verfasser angewandte System der Baugrundbewertung, nun universell auch auf Gebirgsland ausgedehnt, wiedergegeben. Seine Anwendung wird durch die Anlagen einer Baugrundkarte (s. Abb., „Ausschnitt aus der ingenieurgeologischen Baugrundkarte von Zella-Mehlis") und einer in ganz Thüringen generell angewandten Signaturentafel (Tab. 2), welche in selbst vorzunehmendem Ausschnitt auch für die Anlagekarte Gültigkeit besitzt, erläutert.

Wir erkennen, daß die GRAUPNERschen U-Gesteine um die Typen der Festgesteine und ihrer Verwitterungsdecke erweitert sind. Insofern im Gebirgsland die topographische, petrographische und hydrologische Differenzierung der Landschaft und ihre Abhängigkeit von Elementen statischer Beurteilung stärker ausgeprägt sind als im Flachlande, erschien es zweckmäßigerweise angebracht, bei der Klassifikation der Gebirgsarten nach Bebaubarkeitswert einerseits eine Ausgangs- oder Grundnorm einzuführen und sie in den Kopfteil (A) der Tabelle zu stellen und andererseits eine Modifikation der Baugrundqualifizierung in Nachsatz (B) zu bringen.

Fortsetzung der Tabelle 1

B. Modifikation der Qualifizierung der vorstehenden Ausgangsnormen

Die Güte der Bebaubarkeit erfährt eine Herabsetzung um eine bis mehrere Güteklassen durch:

1. Kineto-mechanische Veränderung der Standfestigkeit der Gebirgsdeckschichten unter gleichbleibendem Feuchtigkeitsgehalt, doch unter erhöhtem baulichem Bodendruck im Gegensatz zur ebenen Lage vorzugsweise in der topographischen Hanglage (Bewegungsmomente z. B. als massenweises Hanggleiten und Hangrutschen oder als schichtweise Bodenverpressung und -abwanderung).

2. Kineto-mechanische Veränderung der Standfestigkeit frei anstehender massiger Gebirgsarten sowie solcher des Deckgebirgsuntergrunds unter gleichbleibendem Feuchtigkeitsgehalt, doch unter erhöhtem baulichem Bodendruck zufolge der natürlichen Schiefrigkeit, Spaltflächigkeit und Klüftigkeit der Gebirgsschichten im Winkelverhältnis zur und in Wechselwirkung mit der Hanglage.

3. Hydro-mechanische Veränderung der Standfestigkeit veränderlichfester Gebirgsschichten in Richtung der Veränderlichkeit ihrer Steife oder Plastizität unter passivem Feuchtigkeits- und Grundwassereinfluß sowohl in ebener als in geneigter Lage (Auslösung von Bewegungsmomenten z. B. durch Entstehen von Schmierflächen, Gleithorizonten, Bodenausquetsch- und -ausquellhorizonten, Fließ- und Schwimmsandhorizonten u. a. m.).

4. Hydro-mechanische Veränderung der Standfestigkeit fester und veränderlicher fester Gebirgsschichten durch aktiven Grundwassereinfluß (wie z. B. durch natürliche oder künstliche Aussohlung, Gesteinszermürbung, Aushöhlung u. a. m.).

5. Nachteilige hydrologisch-chemisch-bakteriologische Beeinflussung gewisser Grundwässer (wie z. B. durch das Vorhandensein bauwerksangreifender Stoffe oder biologisch schädlicher Organismen im Grundwasser).

6. Erhöhte Frostempfindlichkeit gewisser Bodenschichten in der Vertikallinie der Bauzone.

Durch diese Sondierung ergab sich in der Anordnung des Systems der Bodenbewertung eine Übersichtlichkeit von einerseits den Ausgangsnormen (frischer Fels, autochthoner Verwitterungsdetritus) bis zu allochthonem Lockergestein und andererseits sämtlichen nur möglichen physikalischen, chemischen und hydrologischen Substituenten und Varianten dieser Normen, welche bei der am besten schon im Feld vorzunehmenden Auswertung der Schurf- und Bohrergebnisse nur zu begrüßen war und schließlich heute gar nicht mehr zu entbehren ist. Verf. übergibt diese Tabelle mit Signaturentafel der geologischen Baugrundkartierungspraxis gleichsam als Schlüssel für die Anwendung und den eventuellen späteren weiteren Ausbau der baugrundgeologischen Kartierungsweise. Die Bebaubarkeitsbewertung für die Grundnormen der Gebirgsarten und ihre Wechselfolge in der Oberzone ist in der linken Spalte („Güteklasse") ausgedrückt. Eine Zuteilung der Gütewerte zu den GRAUPNERschen Gruppen („Gr") wurde vergleichsweise in der rechten Spalte ausgedrückt[2]).

Im folgenden seien noch einige Merkmale der Nutzanwendung der Tabelle gegeben:

Die Auswertung des jeweils gewonnenen Schurf- und Bohrprofils mit dessen Zuordnung in eine Stufe der Bebaubarkeit des betreffenden Bodens geschieht, wenn nicht anders angeordnet und durchgeführt, i. allg. unabhängig vom Grad augenblicklicher oder zukünftiger Gewichtsbelastung. Für die Feldaufnahme genügt vorerst eine durch Druckprüfung mit der Hand bewirkte Allgemeinbeurteilung der Plastizität und eine z. T. auch mit dem Auge perspektivisch vorgenommene Abschätzung der Scher-, Fließ- und Setzfähigkeit des Bodens gegenüber jederlei Schwergewichtseinwirkung, sei letztere etwa durch das natürliche Eigengewicht in sich labiler Bodenschichten am Hang oder durch künstliche Bodenbelastung durch Bauwerke am Hang oder in ebenem Gelände bedingt. Der Vorgang der Beurteilung verläuft dabei zeitlich etwa so, daß man für den angetroffenen einfachen oder zusammengesetzten Schichtenverband zunächst die GRAUPNERsche Sammeltyp-Ausschreibung vornimmt und anschließend, unter Berücksichtigung der im Nachsatz der Tabelle aufgeführten Ponderabilien, interpolierend den endgültigen örtlichen Baugrund-Gütewert ermittelt, der dann der Karte zur Grundlage dienen soll. Es sei darauf hingewiesen, daß die Interpolation vor- wie nachdem nicht ohne eine gewisse hohe Geübtheit in der makroskopischen Erkennung der physikalischen Bodenstruktur sowie in der Abschätzung des selbst noch zeitlicher Veränderung unterworfenen hydrologischen Effekts geschehen kann. Daß zur Vervollständigung und Ergänzung der Feldansprache Untersuchungen im Laboratorium notwendig sind, versteht sich von selbst.

Auch wird man im Gebirge nur in seltenen Fällen ein 10 m-Profil wie im Flachlande zur Grundlage seiner Beurteilung zur Verfügung haben. Dieser Nachteil wird im Bergland außerhalb der Täler allerdings durch die meist geringe Tiefenlage des anstehenden Festgesteins reichlich günstig aufgewogen. Der Erkennung des petrographischen Aufbaus der Gebirgsdeckschichten kommt bekanntlich die mit ihrer stärker vorliegenden in situ-Lage zusammenhängende Tatsache zugute, daß sie sehr

[2]) Einige kleinere Umstellungen und Ergänzungen der GRAUPNERschen Typausschreibungen im hier geschaffenen System mögen dem Verfasser auf Grund ihrer Notwendigkeit als zu Recht bestehend vergönnt sein. Abweichungen von der GRAUPNERschen Zuordnung waren infolge des hiesigen Nachganges der Interpolation sowieso nicht zu vermeiden.

häufig ein ungeschichtet-regelloses, steinig-erdiges Abbild des unmittelbar darunter anstehenden Ausgangsgesteins sind. Aus der Art der vielerorts im Gebirgsschurf selbst erkenntlichen graduellen Übergänge von Deckgebirge zu Muttergestein lassen sich übrigens mit meist hinreichender Genauigkeit häufig auch noch Schlüsse auf die ungefähre Natur und Mächtigkeit der durch Schurf oder Bohrung nicht mehr freigelegten tieferen Partie der Deck- oder Hangschicht ziehen. Hierdurch vereinfachen sich häufig auch die hydrologischen Probleme des einzelnen Beobachtungsortes: Bei der Abschätzung des hydrologischen Lokalbefunds wird man angesichts der örtlich meist nur unweit verlagerten, i. allg. schichtig wenig differenzierten Deckschichten über Grundgebirge der Gebirgshöhen und -hänge viel sicherer gehen als angesichts der örtlich viel weiter verzogenen sowie meist viel mächtigeren und verborgenen größeren petrographischen Wechselfälle, u. a. Wechsellagerung in sich bergenden Schichtverbände im Untergrund des Flachlandes.

Wo das Grundgebirge in der Gebirgslandschaft völlig unverdeckt ansteht, hat es der im Gebirge kartierende Geologe und auch Baugrundgeologe hinsichtlich seiner diesbezüglichen Konzeptionen leichter als der kartierende Flachlandsgeologe, denn dieser ist für das Studium des Grundgebirges meist allein auf Kernmaterial aus Bohrungen angewiesen.

Nicht zu vergessen ist, daß der Kartierung im Bergland auf kleinerem oder größerem Raume weit weniger Schürf- und Bohrmaterial zur Verfügung steht als im Flachland mit seinen z. T. oft riesigen Industrie-, Bergbau und Siedlungsflächen, deren Untergrund zuweilen vorzüglich durchforscht ist. Im Gebirge steht die geologische Baugrundkartierung anfänglich meist vor der Notwendigkeit, sich mittels Schürfen Unterlagen über das Deckgebirge verschaffen zu müssen, bei dem bestehenden Arbeitermangel eine oft schwierig zu lösende Aufgabe.

Des weiteren ist als außerordentlich wichtig zu erwähnen, daß die einem Diplom-Geologen oder einem Geologieingenieur unterstellten ingenieurgeologischen Kartierungstrupps angewiesen sind, das Schurf- und Bohrziel der ingenieurgeologischen Kartierung sowie gegebenenfalls auch das aufnahmetaktische Verhalten im Gelände streng den wissenschaftlichen Erfordernissen der geologischen Spezialkartierung anzupassen. Hierzu gehört die Sammlung von Erkenntnissen topographischer, geomorphologischer, tektonischer, stratigraphischer, paläontologischer, petrographisch-mineralogischer, hydrologischer und bodenkundlicher Art, deren Stoff- und Auswertungsbilanz zur Nutzeffekterweiterung, nämlich zwecks Fortführung und Förderung des allgemeinen geologischen Kartenwerks, in das Kartenblattarchiv der Dienststelle einzugehen haben. Werden doch Schürfe und Handbohrungen wahrscheinlich nie wieder in solch einer vorteilhaften Dichte gestreut und wird demzufolge voraussichtlich nie wieder ein so umfassendes Erkundungsmaterial an Bodenproben zusammengebracht werden können, wie dies zum Zwecke der baugrundgeologischen Kartierung der Fall ist. Daher kann in diesem Zusammenhang nicht genug darauf hingewiesen werden, daß das „ingenieurgeologische" Kartieren über sich hinaus verhältnismäßig um vieles erhöhte geologische Allgemein- und Spezialkenntnisse erfordert und beim Bearbeiter außerdem ein hohes Feldabschätzungsvermögen der gewissermaßen feststehen-

Tabelle 2: Allgemein-Signatur der Baugrundkarte von Thüringen

	*Bohrung* mit Nr. der Bohrliste rund eingeklammert = Endteufe in m, eckig eingeklammert = am Stichtag gemessener Grundwasserstand in m.
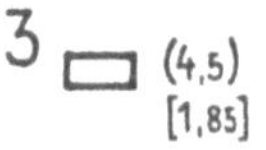	*Schurf* mit Nr. der Schurfliste rund eingeklammert = Endteufe in m, eckig eingeklammert = am Stichtag gemessener Grundwasserstand in m.
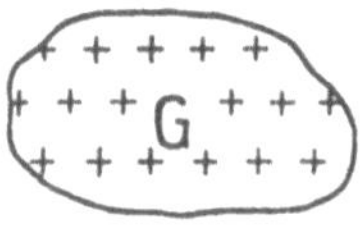	*Zutage ausgehender Gebirgsuntergrund* mit Gesteins- bzw. Formationssignatur und Farbe der geologischen Karte (hier z. B. Granit).
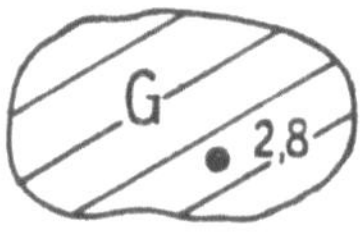	*Deck- und Hangschutt*, detritisch vom Liegendgestein (hier z. B. Granit). Flächen entsprechend der Farbsignatur des im Untergrund anstehenden Muttergesteins der geologischen Karte hellfarbiger eingestuft. Punkte mit Zahl = Mächtigkeit der Deckschicht in m am Standort, gepeilt oder geschürft.
	*Steinbruch*
	*Bergbauschächte* und *Stollenmundlöcher*
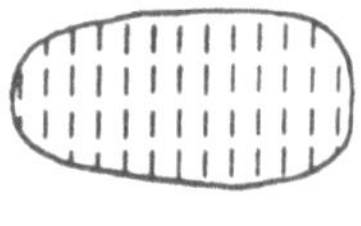	*Durch* (gegenwärtigen oder zukünftigen) *Bergbau gefährdeter Untergrund.* Flächen entsprechend der Farbsignatur des Gesteins der geologischen Karte hellfarbiger eingestuft.
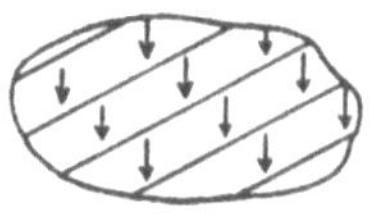	*Durch Hanggleiten bzw. möglichen Bergrutsch gefährdeter Untergrund.* Pfeile in Richtung der möglichen Gleitbewegung. Flächen entsprechend der Farbsignatur des im Untergrund anstehenden Muttergesteins der geologischen Karte hellfarbiger eingestuft.
	*Einzelne Erdfälle.* Signatur schwarz.
	*Gebiet mit latenter Erdfallgefahr.* Signatur grau.
	*Überschwemmungsgebiet* mit maximalen Überflutungsgrenzen oder zu erwartendes künstliches Stauziel (blau gestrichelt).
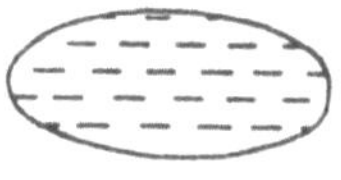	*Dauer-Vernässungsstellen und -Gebiete* (blau schraffiert).
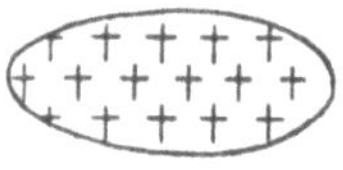	*Gebiete mit chem. oder bakt. verseuchtem Grundwasser* (schwarz gekreuzt).
	*Quellen*

Grad der Bodenbebaubarkeit:

	sehr gut bis gut	Siehe Tabelle 1: Bebaubarkeitsbewertung der Bodenformationen. („Güteklasse")
	mäßig	
	gering bis schlecht	
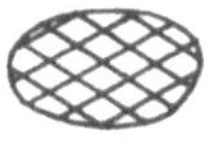	sehr schlecht bis unbebaubar	

Ausschnitt aus der ingenieurgeologischen Baugrundkarte

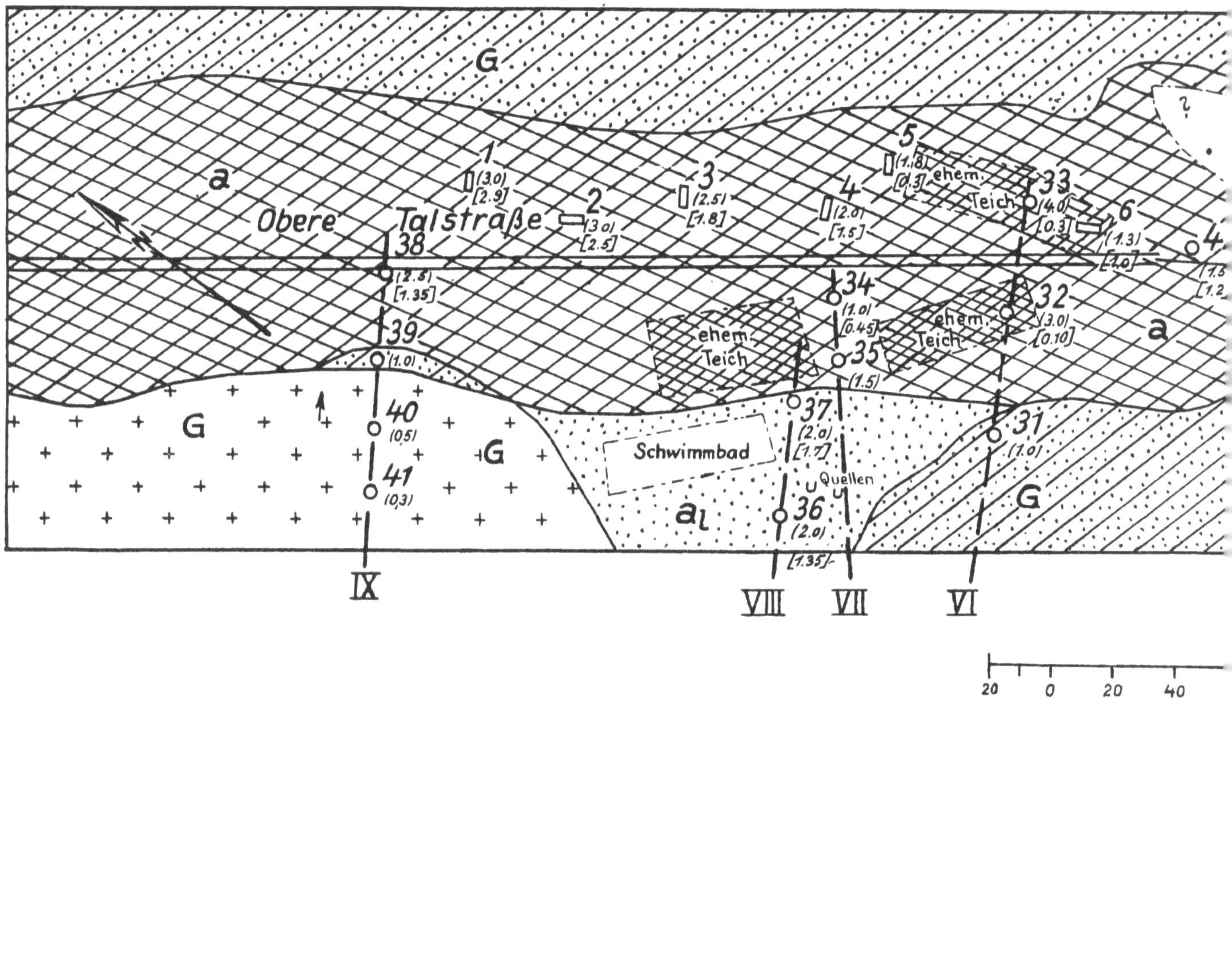

ı Zella-Mehlis; oberes Bierbachtal. (Signaturen in Tab. 2)

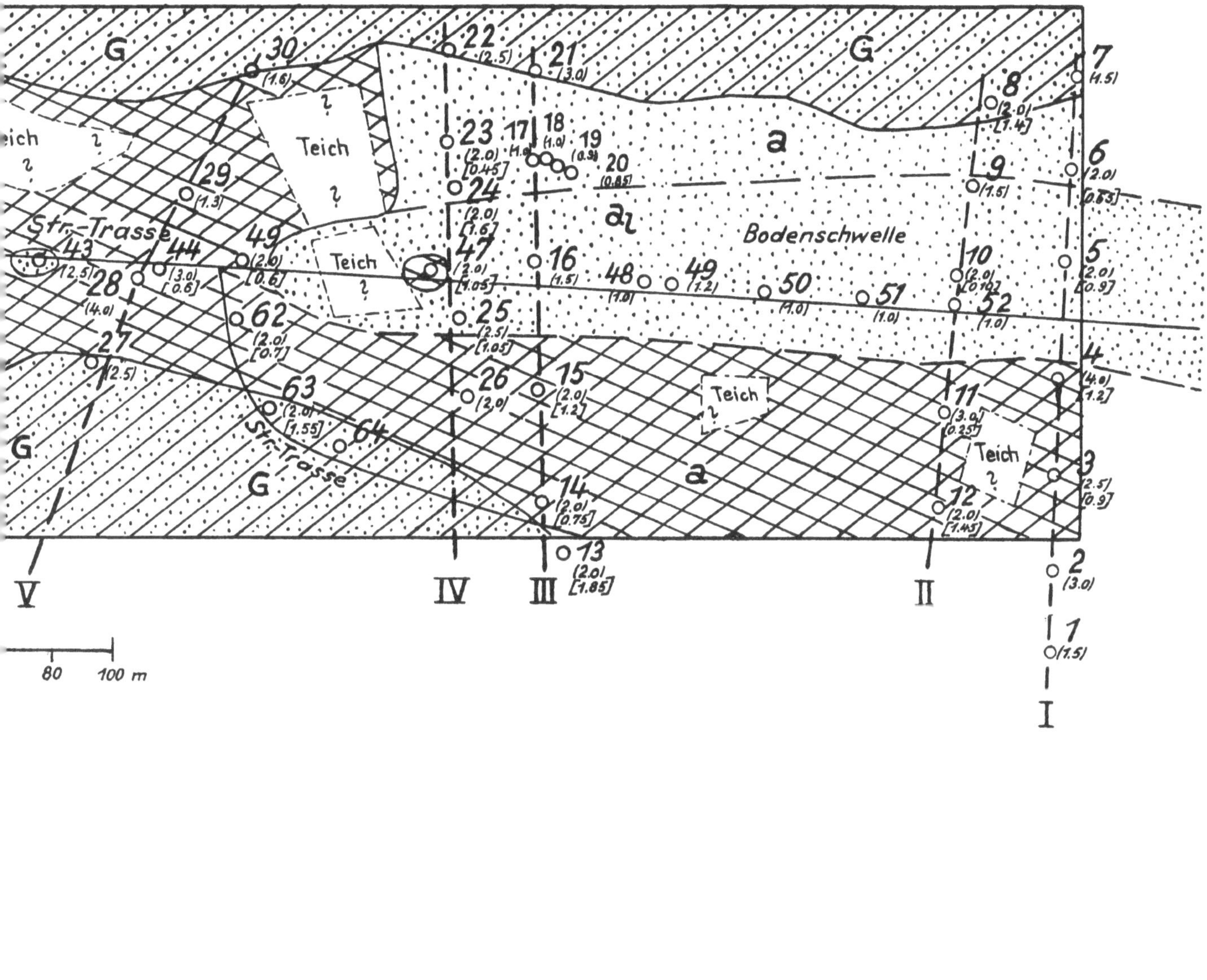

den oder variablen bodenmechanischen Valenzen voraussetzen muß. Vor allem letzteres ist eine Leistung, die man nur von ausgesprochenen ingenieurgeologischen Fachspezialisten erwarten kann.

Darum ist auch nicht zuviel gesagt, daß nur solche Fachkräfte an die baugrundgeologische Kartierung, in Sonderheit im Gebirge, herantreten und zu ihr zugelassen werden sollten, welche sich zuvor ein gewisses hohes Maß an Spezialkenntnissen der Ingenieurgeologie insgesamt erworben haben. Nicht zu Unrecht muß demnach das ingenieurgeologische Kartieren gewissermaßen als die praktische Krönung der ingenieurgeologischen Facharbeit bezeichnet werden. Vor allem jeder ingenieurgeologische Gebirgskartierer wird dies bestätigen können, weil von ihm, wie er weiß, oft lange zeitliche ingenieurgeologische Gesamterfahrung herangezogen werden muß, um gewisse ingenieurgeologische Felderkenntnisse sofort erfassen und in das spezifisch ausgerichtete Kartenbild übersetzen zu können. Deshalb wird auch eine Kontinuierlichkeit in der Aufführung eines Baugrundkartenwerks nur mit einem fachlich gut entwickelten und zeitlich beständigen Arbeitskader zu erreichen sein. Insofern der Ingenieurgeologe Arbeit zu leisten hat, die den Nutzbarkeitswert der Landschaft für die verschiedensten baulichen Verwendungszwecke vermittels der großen Vielseitigkeit seines Berufsbereichs zu beobachten und festzustellen verpflichtet ist, steht er bei der Baugrundkartierung allerdings noch immer in einem Bereitschafts- und Aufklärungsdienst, der erst einmal in der Zukunft eine entsprechende Würdigung erfahren wird.

Literatur

VON BÜLOW, K.: Geologische Kartierung – Grundlage und Ziel der Nachwuchsbildung. – Z. angew. Geol., H. 3/4, 1955.
DIENEMANN, W. & WÖLK: Baugrundkarte von Berlin i. M. 1 : 10000; 1945/46. 1. Teil: Bezirk Kreuzberg. Als Manuskript im Arch. Staatl. Geol. Kommiss.
GRAUPNER, A.: Inhalt und Bedeutung von Baugrundübersichtskarten für Planungsaufgaben. – Neues Archiv für Niedersachsen, Bd. 8 (13), 1955/56, Heft 3.
KEIL, K.: Ingenieurgeologie und Geotechnik. – VEB Wilhelm Knapp-Verlag Halle/Saale, 1954.
PIETZSCH, K.: Geologisches Kartieren im Gebirgsland früher und künftig. – Z. angew. Geol., H. 3/4, 1955.

Die Erdölindustrie Burmas[1)]

F. A. TREBIN

Die Union von Burma wird in vier geologische Provinzen unterteilt, die sich in Nord-Süd-Richtung erstrecken: 1. die schmale Küstenzone von Arakan; 2. die Faltenkette Arakan-Joma; 3. die zentrale Zone (das Tertiärbecken von Burma); 4. das Schan-Plateau.

Erdölführend ist die zentrale Zone, welche die Becken der Flüsse Irawadi, Tschindwin und Sittang umfaßt. Dieses Territorium wird als Tertiärbecken von Burma bezeichnet. Es ist ca. 1100 km lang und 180 km breit. Das Beckenrelief ist recht unterschiedlich; im Westen treten Höhen bis zu 1307 m über dem Meere auf, im zentralen Teil alluviale Täler, die gewöhnlich von Hügelreihen umsäumt sind. Die Haupthügelreihe erstreckt sich von Rangun im Süden bis nach Zentral-Burma und bildet die Wasserscheide der Flüsse Irawadi und Sittang. Einige Hügel im mittleren Teil des Beckens sind vulkanischen Ursprungs.

Alle wichtigen Erdöllagerstätten Burmas sind an die tertiären Gesteine in den Becken der Flüsse Irawadi, Tschindwin und Mingu gebunden. Außerhalb des Tertiärbeckens von Burma sind nur zwei kleinere Lagerstätten, Akjab und Kjaukpju, auf den Inseln der Küstenzone von Arakan bekannt. Die Gesamtmächtigkeit des Tertiärs innerhalb des Beckens erreicht 12000 bis 15000 m. Es ist vor allem im westlichen und im südwestlichen Teil des Beckens entwickelt. Im Irawadidelta (südlicher Beckenteil mit ungefähr 100 bis 150 km N-S-Erstreckung) besteht das Tertiär nach einer Reihe von Anzeichen wahrscheinlich aus einer mächtigen sandig-tonigen Folge, die zweifellos von erstrangiger Bedeutung für die Erkundung von Erdöl und Erdgas und die Erschließung neuer großer erdölführender Flächen ist. Nach Meinung sowjetischer Geologen ist das Tertiärbecken und besonders das Irawadidelta für die Erkundung bedeutender Erdöllagerstätten von außerordentlichem Interesse.

Der untersuchte Abschnitt des Beckenprofils ist durch häufigen Wechsel der lithologischen Zusammensetzung der Gesteine und ihrer Mächtigkeiten gekennzeichnet.

1) Aus „Erdölwirtschaft" (russisch) 1957, H. 6, S. 64–67.

Kurze Entwicklungsgeschichte der Erdölgewinnung

Schon im 13. Jahrhundert bemerkten chinesische Reisende, daß die Burmesen mit Hilfe besonderer Brunnen eine brennbare Flüssigkeit, Erdöl, aus der Erde gewannen. Diese Brunnen befanden sich im Gebiet der heutigen Erdöllagerstätte Jenangjaung. Im Jahre 1797 wurden in diesem Bezirk einige hundert Brunnen gezählt, aus denen bis zu 50 t Erdöl täglich von Hand gewonnen wurden. 1885 betrug die Erdölausbeute aus den Brunnen bereits 10000 t pro Jahr.

Im Jahre 1886 wurde in Jenangjaung die erste Förderbohrung im Schlagbohrverfahren niedergebracht und im Jahre 1887 mit einer Tiefpumpe ausgestattet. Bis zum Jahre 1902 konzentrierte sich die Bohrtätigkeit ausschließlich auf Jenangjaung; in den darauffolgenden Jahren begann sie jedoch auch im Gebiet der Lagerstätte von Laniwa und ihrer Fortsetzung Singu. 1900 wurden in Burma 34000 t Erdöl gefördert. Von dieser Zeit an begann die Fördermenge allmählich zu steigen und erreichte im Jahre 1932 das Maximum von 1155000 t. Im Kriege wurden in Burma einige Tausend Sonden zerstört, so daß die Erdölausbeute rapide absank. Nach ungefähren Angaben wurden 1956 in Burma 225000 t gefördert.

Unter den Ländern Südostasiens nimmt Burma gegenwärtig in der Erdölförderung den sechsten Platz ein (vor Pakistan, das an letzter Stelle steht); in bezug auf erkundete Vorräte steht es nach Indonesien, Britisch-Borneo, Neu-Guinea und Japan an fünfter Stelle. Die Gesamtmenge der erkundeten Erdölvorräte Burmas wird auf 13–14 Mio t geschätzt.

Erdölförderung (in 1000 t)

1885	10	1939	1087
1900	34	1941	1069
1909	709	1944	107
1919	928	1953	156
1929	1146	1956	225

Die Erdölausbeute während der gesamten Förderzeit der burmesischen Lagerstätten wird mit 38500000 t angegeben. Seit 1888 sind in Burma ca. 5000 Bohrungen von 200 bis 2000 m Teufe niedergebracht worden; die durchschnittliche Teufe betrug ca. 900 m.

Geologie der Erdöllagerstätten

Die Erdöllagerstätten Burmas sind im Tertiärbecken konzentriert und im wesentlichen an Ablagerungen des Oligozäns und Miozäns (Pegu-Serie) gebunden. Zwischen dem unteren, zum Oligozän gehörenden Teil der Pegu-Serie und ihrem oberen, zum Miozän gehörenden Teil besteht eine Diskordanz. In dieser Serie liegt der Hauptteil der erdölführenden Horizonte. Als Erdölspeicher dienen Sandsteine, die zwischen Tonen und Schiefertonen liegen.

In den Lagerstätten Tschauk, Jenangjaung und anderen sind 35—50 erdölführende Horizonte bekannt, die 100—1800 m tief liegen. Die Speichereigenschaften der Sandsteine sind in vielen Fällen sehr wechselhaft, Porosität und Permeabilität ändern sich sowohl in der horizontalen als auch in der vertikalen Ausdehnung der produktiven Folge wesentlich. Die Porosität schwankt zwischen 15—18% und 35%, die Permeabilität von einigen Dutzend Millidarcy bis 2000 Millidarcy. Die durchschnittliche Permeabilität beträgt 200 Millidarcy. Die Fördermenge der Erdölsonden in den verschiedenen Lagerstätten bewegt sich zwischen 100—150 kg und 130—140 t/Tag.

Die Mehrzahl der erkundeten Erdöl- und Gaslagerstätten ist an lokale Antiklinalen gebunden, die sich in der Regel in Nord-Süd-Richtung erstrecken. Die Falten sind asymmetrische Antiklinalen mit flachem West- und steilem Ostflügel.

Vor dem Kriege (bis 1942) wurden folgende Erdöllagerstätten exploitiert oder erkundet (vom Süden nach Norden längs des Irawadi): Piaie, Uajegno, Jenanma, Minbu, Jenangjaung, Tschauk, Laniwa-Singu, Jenangiat und Indo. Die acht erstgenannten Lagerstätten liegen im zentralen Teil des Beckens. Einige von ihnen werden durch den Irawadi geschnitten, dessen Ufer von einer stark zerfurchten Hügellandschaft begleitet werden. Die Lagerstätte Indo liegt im nördlichen Beckenteil.

Die Lagerstätte Tschauk

Die Erdöllagerstätte Tschauk ist gegenwärtig die einzige Lagerstätte, die nach der Zerstörung (1942) auf der Grundlage einer mehr oder weniger modernen Technik instandgesetzt wird. Die Leiter des Betriebes sowie die im zentralen Apparat des Ministeriums für Bergbau arbeitenden burmesischen Spezialisten teilten mit, daß ca. 250 Erdölsonden instandgesetzt sind, von denen vier eruptieren, während die übrigen durch Tiefpumpen mit Einzelböcken vom Typ „Oil Well" und Exzenteranlagen exploitiert werden. Die Durchschnittsförderung von Tschauk betrug im November 1956 ca. 550 tato.

In tektonischer Hinsicht liegt die Lagerstätte Tschauk im Südteil einer langen Antiklinale, auf der nördlich von Tschauk noch die beiden Lagerstätten Laniwa-Singu und Jenangiat liegen.

Die hauptsächlichen erdölführenden Horizonte dieser Antiklinale sind Sandsteine der Padaunfolge; insgesamt sind in dieser Gesteinsfolge 35 produktive Horizonte bekannt, deren Mächtigkeit zwischen 3 und 15 m schwankt. Die Speichereigenschaften des Sandsteins sind, wie bereits erwähnt, sehr verschieden. Das Lagerstättenregime ist gegenwärtig gemischt: in einigen stark drainierten und entgasten Abschnitten besteht ein Schwereregime, in weniger drainierten Abschnitten mit bedeutender Permeabilität und eruptiven Erscheinungen ein gemischtes mit Vorherrschen des Lösungsgasregimes.

Bis 1942 wurden in der Lagerstätte Tschauk-Laniwa ca. 1700 tato Erdöl gewonnen. Seit Beginn der Ausbeutung der Tschauk-Antiklinale (1902—1956) wurden 13 Mio t Erdöl gewonnen. In der Lagerstätte Tschauk wurden 800 Bohrungen niedergebracht. Die Teufe der Bohrungen beträgt 950—1300 m. Man nimmt an, daß hier etwa 550 Sonden mit einer durchschnittlichen Produktivität von ca. 3 tato instandgesetzt werden können und daß — sofern dies in den nächsten 1 bis 2 Jahren geschieht — die Erdölförderung in der Lagerstätte Tschauk-Laniwa (die zweite schließt sich an die erste unmittelbar am gegenüberliegenden Ufer des Irawadi an) 1650 tato erreichen kann.

Jedoch wird sich bei dem bestehenden Tempo der Instandsetzung zerstörter Sonden und der Niederbringung neuer Bohrungen in alten Lagerstättenabschnitten (1955 wurden ungefähr 15 neue Bohrungen niedergebracht und einige Dutzend alte Sonden instand gesetzt; 1956 gehen diese Arbeiten auf gleichem Niveau weiter) die Instandsetzung von 550 Sonden wahrscheinlich über 4 bis 5 Jahre hinziehen. In diesem Zeitraum wird die Produktivität einer großen Anzahl von Sonden beträchtlich absinken, und eine Ausbeute von 1650 tato wird praktisch nicht erreicht werden.

Für die Instandsetzung der Sonden auf der Lagerstätte Tschauk-Laniwa wäre es zweckmäßig, die Zahl der Bohrbrigaden mindestens um das Dreifache zu vergrößern. Die „Birma Oil Company", in deren Besitz sich die Lagerstätte Tschauk-Laniwa befindet, betreibt die Wiederaufnahme der Erdölförderung in dieser Lagerstätte ohne Anwendung der modernen Technologie des Lagerstättenabbaus. Beispielsweise wird das Hydrafracverfahren nicht angewendet. Diese Methode brachte unter ähnlichen Verhältnissen in den Lagerstätten der Sowjetunion, Rumäniens und der USA hervorragende Erfolge, wo sie in der Regel eine Steigerung der Tagesproduktivität um ein Mehrfaches gewährleistete. Auch Sekundärgewinnungsmethoden, besonders die Randbewässerung der Erdölschichten und die damit bewirkte Verdrängung des Erdöls durch den Randwasserdruck werden nicht angewandt. Bei Verwirklichung dieser Methoden in der Lagerstätte Tschauk-Laniwa würde sich zweifellos ein hoher Wirkungsgrad ergeben.

Ein sehr großer Teil der erdölführenden Struktur von Tschauk-Laniwa, die vom breiten Flußbett des Irawadi durchschnitten wird, ist nicht abgebohrt, ist aber zweifellos von erstrangiger Bedeutung für die Steigerung der Erdölausbeute. Die einfachste und billigste Methode für die Exploitation dieses produktiven Feldes wäre das Niederbringen von Schrägbohrungen an beiden Ufern des Irawadi mit Hilfe des Turbobohrers.

Die Lagerstätte Jenangjaung ist eine Antiklinale von ungefähr 15 km Länge und bis zu 3,5 km Breite. In die Lagerstätte wurden etwa 4500 Bohrungen niedergebracht. Die Bohrlochtiefe schwankt zwischen 100 und 1200 m.

Bis 300 m Tiefe sind neun kleinere erdölführende Horizonte und zwischen 300 und 1200 m 35 Horizonte vorhanden. Außerdem wurde in dieser Struktur in den Jahren 1940 bis 1941 eine Erkundungsbohrung bis 3300 m niedergebracht. Dabei wurden bei etwa 2700 m Sandsteine von bedeutender Mächtigkeit mit Erdöl- und Gasgehalt angetroffen. Nach Mitteilung alter burmesischer Arbeiter und des Hauptgeologen der „Birma Oil Company", Mr. Bentham, wurden in dieser Bohrung beim Durchteufen von Erdöl- und Gas-

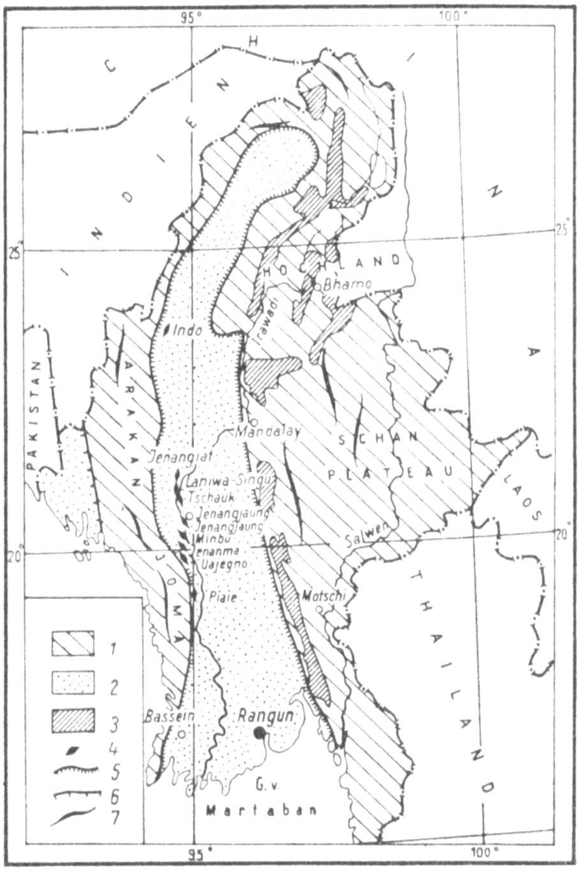

Burma

1 – alpidische Faltengebirge; 2 – Senken im Gebiet der tertiären Faltung, 3 – Ausbisse präkambrischer Gesteine; 4 – Erdöllagerstätten; 5 – ungefähre Grenzen innengeosynklinaler (Zwischengebirgs-) Senken; 6 – ungefähre Grenzen der Außensenken; 7 – Erstreckung der Hauptantiklinorien innerhalb der Geosynklinalgebiete und der Außensenken

horizonten in großen Tiefen fast ständig anomal hohe Gasdrucke beobachtet, die den hydrostatischen Druck um 20 bis 30% übertrafen.

Die Lagerstätte Jenangjaung ist der älteste Erdölbetrieb Burmas. Eine industrielle Förderung aus Bohrungen begann hier im Jahre 1889; bis 1956 wurden 24 Mio t Erdöl gewonnen. Die tägliche Erdölausbeute betrug bis zum Kriege (1942) 1100 t. Während des Krieges wurden fast sämtliche hochproduktive Sonden durch Verfüllen mit Zement von der Sohle bis zum Mundloch und in einer Reihe von Fällen durch Hineinwerfen einer großen Menge von Metallbrocken bei nachfolgender Zementierung außer Betrieb gesetzt. Nach Meinung einer Reihe von Fachleuten wäre es möglich, auf dieser geräumigen Lagerstätte von 4500 Sonden mindestens 1500 wieder instandzusetzen und aus ihnen eine Ausbeute von ca. 850 bis 900 tato zu gewährleisten. Außerdem bilden in dieser Lagerstätte (wie übrigens auch in der Lagerstätte Tschauk) die noch nicht untersuchten tieferlagernden erdöl- und gasführenden Horizonte des unteren Oligozän und Eozän eine große Reserve.

Zur Zeit hat die „Birma Oil Company" sämtliche ihr in Jenangjaung gehörenden Abschnitte stillgelegt. Auf dieser verlassenen Lagerstätte mit sehr großem Inventar befindet sich nur ein Vertreter der Company, der das Hab und Gut beaufsichtigt. Trotz der Untätigkeit der Company wird hier jedoch noch Erdöl gefördert, und zwar von Hand aus Sonden bis 1000 m Teufe, mit Hilfe von Schmandbüchsen, die an ein feines Drahtseil gehängt werden. Insgesamt werden so aus den Sonden von Jenangjaung etwa 140 tato gewonnen.

Die Lagerstätte Jenangjaung bildet zweifellos eine große Reserve für die weitere Entwicklung der Erdölindustrie Burmas. Jedoch ist die Zunahme der Erdölgewinnung in den letzten Jahren äußerst unbedeutend. Es ist allgemein bekannt, daß die Tätigkeit ausländischer Gesellschaften ein ernstes Hindernis für die Entwicklung des Bergbaus bildet. Das ist besonders kraß am Beispiel der Erdölindustrie zu sehen. Die „Birma Oil Company" steht unter der Kontrolle der Engländer, die 70% des Kapitals besitzen, während der burmesische Kapitalanteil 30% beträgt. Für die englischen Erdölmonopole ist es vorteilhaft, die Entwicklung der Erdölindustrie Burmas zu bremsen, weil sie durch den Verkauf der sehr billigen Erdölprodukte aus dem Nahen und Mittleren Osten hohe Gewinne erzielen. Wie bereits bemerkt wurde, ist im Hinblick auf eine mögliche Erdölführung und die weitere Entwicklung einer großen Erdölindustrie in Burma das gesamte Tertiärbecken von Burma von großem Interesse. In Verbindung damit müßten in erster Linie

1. das vorhandene große geologische Material sorgfältig studiert werden;
2. Erkundungsbohrungen bis zu 3000–4000 m in den alten Lagerstätten und vor allem in den Lagerstätten Tschauk-Laniwa und Jenangjaung — Minbu abgeteuft werden;
3. die Anzahl der seismischen Trupps stark vergrößert werden. Die „Birma Oil Company" besitzt nur einen einzigen seismischen Trupp, der in dem weiten Gebiet des Irawadideltas arbeitet und der selbstverständlich die für die Erkundungstiefbohrungen aussichtsreichen Strukturen nicht schnell genug vorbereiten kann.

Erdölverarbeitung

In Tschauk sind im Jahre 1955 zwei Anlagen für die Erstverarbeitung des Erdöls, eine atmosphärische und eine Vakuumanlage mit einem Tagesdurchsatz von 430 t Rohstoff, gebaut worden. Gegenwärtig arbeiten sie mit voller Leistung und ergeben 12–15% Benzin mit der Oktanzahl 68–70 nach der Motormethode und bei Zusatz von TES mit der OZ 75, sowie Handelspetroleum in drei Sorten und guten Dieselkraftstoff.

Im ganzen werden etwa 65% helle Erdölprodukte entnommen. Aus dem Rest erhält man u. a. 6–7% hartes, reines Paraffin von hoher Qualität (das Paraffin ist vollkommen weiß, die Schmelztemperatur beträgt 48–49° C). In der Nähe von Rangun, auf der Insel Sirian, wird der Wiederaufbau eines modernen Erdölverarbeitungswerkes mit einer Leistung von 572 tato abgeschlossen. Die Lagerstätten Tschauk und Jenangjaung sind mit Rangun durch eine 480 km lange Erdölleitung verbunden.

Das Werk in der Stadt Tschauk ist ein kleineres modernes Unternehmen für die Produktion von Benzin, Petroleum, Dieselkraftstoff und Paraffin. In Anbetracht der außerordentlich hohen Qualität des Erdöls ist das restliche Heizöl fast fertiges Öl, jedoch wird dieses Produkt völlig in Feuerungen verbrannt.

In Tschauk befindet sich ein gut ausgerüstetes Wärmekraftwerk mit drei Dampfturbinen und einer Gesamtleistung von 8250 kW. Es arbeiten nur zwei Turbinen, und nach Aussage des diensthabenden Ingenieurs des Werkes ist ein bedeutender Überschuß an Elektroenergie vorhanden.

In den Erdölbetrieben Tschauk-Laniwa wurde ein großes Werk mit mechanischen Gießerei-, Schmiedepreß-, Schweißerei-, Gewindeschneid- und Schlosserwerkstätten aufgebaut. In diesem großen Werkkomplex, dessen Leistungsfähigkeit bei weitem nicht vollständig ausgenutzt wird, arbeiten 120 Menschen. Insgesamt arbeiten in Tschauk auf den Erdölfeldern und in Betrieben der Company etwa 2000 Menschen.

Literatur

KUTSCHAPIN, A. W.: Grundzüge des geologischen Baues und Erdöllagerstätten Burmas (russisch). Trudy WNIGRI, H. 3, Gostoptechisdat, 1953.
GUBKIN, I. M.: Erdöllagerstätten der Welt (russisch). Gosgeolisdat, 1934.

Dem Andenken des großen Prospektors Hans Merensky

HERBERT REH, Jena

Allen Lagerstättenforschern und Montangeologen ist Dr. MERENSKY als Entdecker der bedeutenden Platinlagerstätten im *Bushveld-Massiv* und der außergewöhnlich reichen *Diamantseifen* von *Alexander Bay* in *Namaqualand* bekannt. Nicht alle wissen jedoch, daß er darüber hinaus auch an der Erschließung der ausgedehnten Chromitlagerstätten des *Bushveld-Komplexes* maßgeblich beteiligt war, die einzigartige *Vermiculitlagerstätte* und die *Phosphatlagerstätte* von *Loolekop* im *Phalaborwa-Gebiet* entwickelte sowie wesentlich zur Verfolgung der Witwatersrand-Schichten bis in den *Oranje-Freistaat* beitrug und damit die Entwicklung zum „*Größeren Witwatersrand*" einleiten half. Aber nicht nur als Geologe hat er sich verdient gemacht, auch als *Land-* und *Forstwirt* hat er auf seiner Farm „Westfalia" bahnbrechende Arbeit geleistet.

Wenn man die Entwicklung dieses bedeutenden Prospektors und Geologen verfolgt, erkennt man, daß es neben seinem umfassenden mineralogisch-geologisch-lagerstättenkundlichen Wissen und seinen guten praktischen Kenntnissen der regionalen Geologie Südafrikas vor allem seine geniale Kombinationsgabe und seine Fähigkeiten, gut zu beobachten und unbeirrbar einer als zweckmäßig erkannten Arbeitshypothese nachzugehen, waren, die seine besonderen Erfolge bedingten. Es ist natürlich, daß der Mineralreichtum Südafrikas, die Grundlage für die erfolgreichen Prospektionen MERENSKYs bildete. Aber schließlich hatten Hunderte von Prospektoren und Geologen die gleichen Chancen, ohne auch nur ähnliche Erfolge aufweisen zu können.

Die von MERENSKY in Südafrika entdeckten Lagerstätten stellen einen wesentlichen Grundstock für die Berg- und Finanzwirtschaft der Südafrikanischen Union dar. Seine Verdienste erfuhren schließlich auch die gebührende Anerkennung.

Die Lebensgeschichte H. MERENSKYs ist so wechselvoll und reich an dramatischen Ereignissen, daß sie zu einer Darstellung im Rahmen der Bergbaugeschichte Südafrikas reizte. Bald nach dem Tode MERENSKYs unternahm es OLGA LEHMANN, die *Biographie* dieses verdienstvollen Montangeologen zu schreiben. Ihr Buch „*Look beyond the wind*" (The life of Dr. HANS MERENSKY)[1]), das 1955 erschien, bringt dem Leser nicht nur den erfolgreichen Prospektor, Geologen und Farmer, sondern auch den Menschen MERENSKY näher.

Da das genannte Buch dem Leser dieser Zeitschrift im allgemeinen nicht zugänglich sein wird, dürften einige biographische Angaben über den bekannten Montangeologen MERENSKY und seine Erfolge von Interesse sein:

HANS MERENSKY wurde als drittes Kind des deutschen Missionars Dr. ALEXANDER MERENSKY 1871 in Botshabelo bei Lydenburg im Transvaal geboren. Dieser war sehr interessiert an Geographie und Geologie. Mit dem deutschen Geologen KARL MAUCH verband ihn herzliche Freundschaft. Zusammen mit FREDERICK JEPPE brachte er 1868 eine Karte des Transvaal heraus, in der die Informationen von KARL MAUCH mit verarbeitet waren. 1884 gab dann A. MERENSKY eine Karte von Südafrika heraus, die fast 20 Jahre lang als einziges Kartenwerk diente. Für diese Leistung für die Burenrepublik Transvaal wurde er vom Präsidenten PAUL KRÜGER mit einer Farm im Ermelo-Distrikt belohnt. Eine zweite benachbarte Farm erhielt er später noch für besondere Dienste und für ärztliche Hilfe im Burenkrieg 1881.

1882 verließ die Familie MERENSKY mit 7 Kindern Südafrika, um nach Deutschland zurückzukehren.

Nach Besuch der höheren Schule entschied sich HANS MERENSKY für das Studium der Bergwissenschaften und Geologie. Nach einem praktischen Jahr im oberschlesischen Steinkohlenbergbau bezog HANS MERENSKY die Technische Hochschule in Breslau, um danach in Berlin seine Prüfung als Bergreferendar abzulegen.

Da er den Beruf des Geologen gewählt hatte, weil er in freier Natur arbeiten wollte, sagte ihm die Tätigkeit als Bergbeamter nicht recht zu; es zog ihn nach den Weiten Südafrikas. Nach der Entdeckung der Goldfelder am Witwatersrand waren Nachrichten über die Auffindung von Kohle im Ermelo-Distrikt gekommen. Da A. MERENSKY zwei Farmen in diesem Gebiet besaß, unterstützte er das Vorhaben seines Sohnes Hans, um einen Studienurlaub für eine Reise nach Südafrika nachzusuchen. Nachdem seine beiden älteren Geschwister schon nach Afrika gegangen waren, kehrte auch HANS MERENSKY 1904 in sein Geburtsland Südafrika zurück. Er kam in die Zeit nach dem Burenkrieg hinein, in der die Entwicklung der *Witwatersrand-Goldfelder* mit großen Schritten voranging. Als unabhängiger Montangeologe nahm MERENSKY an der Aufwärtsentwicklung erfolgreich teil.

Einen ersten „Boom" erlebte er 1905, als 50 Meilen NO Pretoria im Bushveld *Zinn* gefunden worden war. Alle führenden Montangeologen gaben ihr Urteil über die neuen Vorkommen ab, aber es wurden die widersprechendsten Meinungen geäußert. MERENSKY erkannte aus diesen Vorfällen, wie entscheidend der Bericht eines Sachverständigen auf die Allgemeinheit war. Tausende hatten bereits Geld verloren, ehe einfache Untersuchungsarbeiten ein einigermaßen sicheres Urteil über das neue Vorkommen abzugeben gestatteten. Mit einem noch größeren Fiasko endete im gleichen Jahr die Affäre „*Madagaskar-Gold*". Dort sollte ein Goldvorkommen entdeckt worden sein, das außergewöhnlich und sehr reich sein sollte. MERENSKY wurde zusammen mit 20 anderen Experten zur Überprüfung nach Madagaskar entsandt. Er untersuchte die ihm merkwürdig erscheinenden Goldvorkommen genau. Als er am nächsten

[1]) OLGA LEHMANN, Look beyond the wind (The life of Dr. HANS MERENSKY). — Mit einem Vorwort von N. C. Havenga. 15 × 22 cm 183 Seiten. 21 Photos. Verlag Howard Timmins, Capetown. Preis: 18 sh. 6 d. (Besonders hingewiesen sei auf den ausführlichen Literaturnachweis.)

Morgen seine Proben aussicherte, war er erstaunt, sie reich an Gold zu finden. Eine nähere Betrachtung des Goldes mit der Lupe ließ jedoch einen Verdacht aufkommen, und er wiederholte die Probenahme sofort, um die Muster anschließend gleich auszusichern. Das Ergebnis bestätigte seinen Verdacht, daß die ersten Proben „gesalzen" worden waren. MERENSKY faßte sein Urteil in zwei Telegrammen „Faul" und „Oberfaul" zusammen. Sein Name wurde künftig mit Hochachtung genannt, weil er zuerst den Schwindel aufgedeckt hatte, und sein Ausdruck „Oberfaul" ging in den Sprachschatz der südafrikanischen Bergbausachverständigen über.

Danach kamen gute Zeiten für MERENSKY. Man hatte Vertrauen zu seinem Urteil, und laufende Aufträge sicherten ihm ein gutes Einkommen. Von der neuentdeckten *Voorspoed-Diamantgrube* ging er nach *Rhodesien*, um die Möglichkeiten für einen großangelegten Goldbergbau zu untersuchen, weiter besuchte er die neuentdeckten Diamantvorkommen in *Südafrika* und stellte schließlich in *Portugiesisch-Ostafrika* ein sehr ausgedehntes Kohlenvorkommen fest. Als 1914 der *1. Weltkrieg* kam, wurde MERENSKY in einem Lager bei *Pietermaritzburg* interniert. An ein freies Leben gewöhnt, litt er sehr unter dem Freiheitsentzug. Seine einzige Betätigung für die Allgemeinheit waren *geologische Vorträge.* Mit großer Begeisterung berichtete er von dem Mineralreichtum Südafrikas. Besonders gern trug er über die 1908 entdeckten *südwestafrikanischen Diamantvorkommen* vor. Er wies auf das Vorkommen von Diamanten in einer *Austernbank* hin und erwähnte die Tatsache, daß die Steine nach N zu kleiner und nach S zu größer werden. Er deutete an, daß man auch Diamanten an der Mündung des Oranje und selbst in Namaqualand finden müßte. Die herrschende Ansicht, daß die Diamanten aus *Pipes* im Inneren des Landes an die Küste gebracht sein müßten, wies er zurück. Nach seiner Ansicht müßten sie einer Pipe unter den Meeresspiegel entstammen. Keiner der damaligen Zuhörer ahnte, wie sehr den Vortragenden gerade diese Fragen beschäftigten.

Die 5jährige Internierung endete für MERENSKY mit einem schweren körperlichen Zusammenbruch. Nachdem er bei befreundeten Farmern seine Gesundheit wiederhergestellt hatte, versuchte er, seine frühere Position im Bergbauzentrum *Johannesburg* wiederzugewinnen. Die nach dem Krieg einsetzende *Depression* brachte jedoch für MERENSKY die schwerste Zeit seines Lebens. Mit kleinen Berichten und den Einnahmen für die Untersuchung und Analyse von Proben fristete er notdürftig sein Leben. Resigniert stellte er im Alter von 52 Jahren fest, daß er im Leben eigentlich ein Versager war.

Eine entscheidende Wendung deutete sich jedoch an, als er im Jahre 1923 von Sir GEORGE ALBU mit CARL VON ROEDER nach den Erongo-Bergen in *Südwestafrika* gesandt worden war, um Gold zu suchen und die Möglichkeit einer zentralen Zinnaufbereitung zu studieren, und er von seinem Sekretär WIPPLINGER die Nachricht erhielt, daß im Waterberg-Distrikt im nördlichen Transvaal *Platin* gefunden worden war. Dieses seltene Metall, das damals fünfmal teurer als Gold war, sollte für MERENSKY eine große Chance bringen.

Im Jahre 1924 erhielt MERENSKY eine Probe zur Untersuchung, die von einer Farm Maandagshoek in den Lulu-Bergen stammte. Die platinführende Probe hatte ANDRIES LOMBAARD aus einem Bach bei seinem Farmhaus entnommen. MERENSKY ging es nun darum, die primäre Lagerstätte aufzufinden. Durch systematische Prospektion gelang es, das Muttergestein in einer *Dunitpipe* zu finden. Durch die Verleihung des Abbaurechts für Platin auf der Farm Mooihoek wurde das Geheimnis der Untersuchungsarbeiten gelüftet. Etwas später wurde ein zweiter Typ der Platinlagerstätten festgestellt, das sog. „*Merensky-Reef*", ein etwa 1 m mächtiger pyroxenitischer Horizont mit Sulfid- und Platinführung, der über den Chromerz-Horizonten entwickelt ist. Seine Erstreckung konnte über Hunderte von Kilometern verfolgt werden.

Der nun folgende Run auf das Gebiet von *Lydenburg* war sensationell. MERENSKY war mit einem Schlag ein berühmter Mann. So sehr er von dem Ausgang der Prospektionsarbeiten befriedigt war, so sehr haßte er, im Kreuzfeuer der Presse und der Öffentlichkeit zu stehen.

Er hatte aber auch noch andere Gründe, plötzlich aus Johannesburg zu verschwinden. Mit Ausnahme seines Sekretärs WIPPLINGER wußte niemand, wo er sich aufhielt. Als er nach etwa 14 Tagen wieder in Johannesburg eintraf, konnte er befriedigt feststellen, daß er den Horizont des *Merensky-Reefs* auch im Gebiet von *Rustenburg* und *Potgietersrust* aufgefunden hatte. In den nächsten Tagen schloß sich eine der lebhaftesten Jagden nach Optionen an. Da die Beauftragten MERENSKYs jedoch planmäßig vorgehen und die ultrabasischen Gesteine in den Randgebieten des großen Bushveld-Massivs mit Optionen belegen konnten, gelang es, genügend Bergbaurechte für die Gründung von zwei großen Bergbaugesellschaften, der Potgietersrust Platinum Mines Ltd. und der Rustenberg Platinum Mines Ltd. zusammenzubringen. Damit war das Merensky-Reef in den Distrikten von Brits und Rustenburg auf etwa 180 Meilen und im Distrikt von Potgietersrust auf etwa 40 Meilen verfolgt worden.

Nachdem der *Platin-Boom* im Gefolge der Prospektionen im Lydenburg-Gebiet sich allmählich als übertrieben herausgestellt hatte, gaben die neuen Entdeckungen MERENSKYS der Spekulation neuen Auftrieb. Im Laufe der Untersuchungsarbeiten stellte es sich heraus, daß die besten Platinvorkommen im Gebiet von Rustenburg gelegen sind. Als im Jahre 1926 die Platinproduktion aufgenommen wurde, stand der Platinpreis bei £19 je Unze. Er ging bis 1930 auf weniger als £ 7 je Unze zurück, so daß alle produzierenden Platingruben mit Ausnahme der Gruben Kroonendal und Klipfontein bei Rustenburg eingestellt werden mußten.

Anfang 1926 war MERENSKY auf einer Besuchsreise in Deutschland. Auch hier wurden ihm zahlreiche Ehrungen als Entdecker der großen Platinlagerstätten zuteil.

Kurz vor seiner Rückreise nach Südafrika besuchte MERENSKY den ungarischen Ingenieur und Finanzmann IGNATIUS DESSAU in London, der ihn für eine Untersuchung von Zinnvorkommen in *Bulgarien* gewinnen wollte. Hier hörte er gesprächsweise, daß in *Namaqualand Diamanten* gefunden worden seien. Als eine telegrafische Rückfrage in Johannesburg die Richtigkeit dieser Meldung bestätigte, gab es für MERENSKY kein Halten mehr.

Der Entschluß MERENSKYs war um so bemerkenswerter, als er kurz vorher eine Einladung der sowjetischen Regierung erhalten hatte, die *Platinlagerstätten* im *Ural* zu begutachten. Das glänzend dotierte Angebot hätte ihn 3 Jahre früher außerordentlich gereizt. Jetzt interessierte ihn nur noch *Namaqualand.* Als er nach Johannesburg zurückgekehrt war, fand er Berge von Arbeit vor, so daß er sich entschloß, einen Vortrupp auszusenden, für den er Dr. REUNING, Dr. CELLIERS, General MANIE MARITZ und Prospektor MARE gewann.

REUNING und MERENSKY vertraten zwei verschiedene Theorien der Entstehung der Diamantlagerstätten von Südwestafrika. REUNING war Anhänger der Fluß-Theorie, wonach die Diamanten aus im Inneren des Landes gelegenen Pipes durch Flüsse zur Küste gebracht und von dem Meer wieder ausgeworfen und in Terrassen abgelagert worden waren. MERENSKY dagegen nahm an, daß die Diamanten einer im Meer gelegenen Pipe entstammten und nichts mit den Vorkommen im Inneren zu tun hatten. Es könnte scheinen, daß die Herkunft der Diamanten von sekundärer Bedeutung ist, wenn sie nur vorhanden sind. Aber für die Prospektion ergaben sich doch verschiedene Ansatzpunkte der Untersuchungen. Der eine wollte vor allem die Flußschotter untersuchen, während der andere nach fossilen Austernbänken suchte.

Die Küste von *Namaqualand* ist eine Sandwüste, an der Südweststürme hohe Dünen vor sich hertreiben. Es hat den Anschein, daß FRED CORNELL, der viele Jahre lang als Prospektor an der Mündung des Oranje gearbeitet hatte, die ersten Diamanten in *Namaqualand* gefunden hat. Da er jedoch in London von einem Auto überfahren wurde, nahm er sein Geheimnis mit ins Grab. Es vergingen noch Jahre, bis 1926 der Captain JACK CARSTENS einen Diamanten fand.

Als die von MERENSKY ausgesandte Expedition in Namaqualand eintraf, waren bereits Tausende von Interessenten da. Alle Ländereien vom Oranje bis zum Buffels River waren mit Claims überdeckt oder unter Optionen.

Zunächst besichtigte Dr. REUNING die Claims bei Grootmist, die nahe der Fundstelle von CARSTENS lagen. Er erkannte, daß die Ablagerungen den Pomona-Schichten von Südwestafrika entsprachen. Das war für ihn ein Hinweis auf eine reiche Diamantlagerstätte, und er bot dem Syndikat eine Option von MERENSKY an. Mit KENNEDY und RABINOWITZ, die ebenfalls fündige Claims besaßen, nahm er gleichfalls Verbindung auf und fand beide geneigt, mit MERENSKY in Verhandlungen einzutreten. Da REUNING kein Recht hatte, Kontrakte abzuschließen, hielt er es für höchste Zeit, daß MERENSKY nach *Namaqualand* käme.

Als MERENSKY am 15. Dez. 1926 nach Kapstadt kam, legte ihm REUNING nahe, möglichst bald die Grootmist-Claims anzusehen. Als er jedoch hörte, daß diese Pomona-Schichten enthalten, zeigte er nur noch geringes Interesse. Zufällig konnte er RABINOWITZ treffen, der ihm mit Vergnügen von seiner Entdeckung bei Buchuberg erzählte. Als dieser die diamantführende Schicht als eine Brekzie mit Austernschalen beschrieben hatte, wußte MERENSKY genug und kündigte seinen Besuch in einigen Tagen an.

In der Gegend von Port Nolloth konnte MERENSKY bei der Besichtigung von Claims feststellen, daß reichlich Bruchstücke von Austernschalen vorkamen. Noch deutlicher zeigte sich die Austernbank in den Schürfen von RABINOWITZ am Buchuberg. Hier fand er die *Ostrea prismatica* und empfahl seinen Begleitern, nach diesen Muscheln zu suchen, da sie mit den Diamanten zusammen vorkommen.

Als MERENSKY und REUNING in Alexander Bay eintrafen, besichtigten sie die Schürfe des Syndikats GORDON-CAPLAN am Strand. Obgleich JULIUS GORDON einen vierkarätigen gelben Diamanten zeigte, den er gerade aus einem Haufen Kies ausgesiebt hatte, war MERENSKY wenig beeindruckt, da er das Gebiet als nicht sehr höffig ansah.

Nachmittags wurden die anderen Claims des Syndikats in der Nähe des Oranje besichtigt, die bisher noch keine Funde ergeben hatten. Tiefgebeugt beging MERENSKY dieses Gebiet, hob ab und zu ein Bruchstück auf, das er mit der Lupe betrachtete, ließ sich einen Spaten geben und musterte eingehend die Schürfe, die von dem Syndikat angelegt worden waren.

Nach der Begehung sagte er zu REUNING: „Durch diese Claims läuft eine Spur von Bruchstücken von Austernschalen. Ich denke, wir beginnen hier unsere Untersuchungsarbeiten. Wir müssen die gesamte Austernlinie mit Claims überdecken, soweit das noch nicht von dem Syndikat geschehen ist."

So erlebte REUNING die Neujahrsnacht 1927 in seinem Wagen in Alexander Bay und begann beim ersten Tageslicht, die Claims abzustecken. Später kam ihm MERENSKY zu Hilfe, und sie begannen, das gesamte Gebiet eingehend zu untersuchen.

Am 4. Januar wurde ein Kaufvertrag mit dem Syndikat unterzeichnet. Der Kauf betraf 22 Claims entlang der Küste und am Oranje.

Bevor MERENSKY nach Johannesburg zurückkehrte, um die finanziellen Angelegenheiten zu regeln, begann er die *Austern-Linie* im Gelände abzustecken und zu untersuchen. Dabei kamen ihm wieder Zweifel an der Richtigkeit seiner Theorie. Er konnte sich jedoch nicht mehr im Gelände aufhalten, da er weniger als 3 Wochen Zeit hatte, um die Kaufsumme von £ 17500 und das nötige Betriebskapital aufzutreiben. Er ließ Dr. REUNING in Alexander Bay zurück. Für die Untersuchungsarbeiten wurden ein Landmesser, ein Vorarbeiter, 12 eingeborene Arbeiter und zwei Prospektoren, JAN und THEUNIS COETZEE eingestellt.

Es war am 14. Jan. 1927, als THEUNIS COETZEE Dr. REUNING in einem alten Tabaksbeutel die schönsten Diamanten brachte, die dieser je gesehen hatte. Es waren 8 Steine im Gesamtgewicht von 50 Karat, wobei der größte 16,6 Karat wog. Sie stammten aus der Austernbank. Am nächsten Morgen fand REUNING selbst einen weißen Diamanten zwischen den Geröllen und konnte sich überzeugen, daß der Austernlinie eine entscheidende Bedeutung zukommt.

Anfang Februar war MERENSKY wieder in *Alexander Bay*. Hier hatten die weiteren Untersuchungen sagenhafte Reichtümer enthüllt. REUNING hatte, vom ersten Schurf auf der Austernlinie ausgehend, die Oberfläche genau untersucht und schließlich 450 m nördlich einen Schurf 4 angesetzt, der an einem Tag 114 Diamanten mit einem Gesamtgewicht von 201,4 Karat ergeben hatte. Danach wurden die Schürfe 5 bis 8 abgesteckt und alle Arbeiter darauf angesetzt. Ein Schurf 4a ergab an einem Tag 168 Diamanten mit einem Gesamtgewicht von 691,5 Karat. Davon waren 10 Steine über 10 Karat, und der größte, ein vollkommener blauweißer Stein, wog 71,1 Karat. Damit waren bisher 2762 Diamanten mit 4308,9 Karat gewonnen.

Das Ergebnis von Schurf 4a wurde nur noch einmal übertroffen, als Schurf 11 angelegt wurde. Als man einen großen flachen Stein ausgehoben hatte, wurde ein Nest mit 487 Diamanten sichtbar. Kein Wunder, daß Gerüchte umgingen, die H.M.-Gesellschaft schaufle die Diamanten handvollweise und fülle Tropenhelme in Stunden mit übergroßen Steinen.

Das Diamantenpaket, das REUNING MERENSKY überreichen konnte, war phantastisch. Alle Steine waren vollkommen und groß. Manche waren so schön kristallisiert, als wären sie geschliffen. Die Farben waren blauweiß bis weiß, gelblich bis lichtgrün.

Als MERENSKY bewußt wurde, welchen ungeheuren Schatz der Natur er aufgedeckt hatte, erfaßte ihn eine Panikstimmung. Er stellte sich vor, wenn die zahlreichen Digger aus dem Gebiet von Lichtenburg nach Namaqualand kommen würden. Zweiffellos würden zahllose Digger in den Wüsten umkommen. Es war sicher, daß der Diamantenmarkt zusammenbrechen würde. Das würde eine nationale Katastrophe für Südafrika bedeuten. Er mußte schnellstens die Regierung über den Sachverhalt aufklären. Bereits am 22. Februar 1927 wurde eine Proklamation erlassen, daß bis auf weiteres die Prospektion auf Diamanten verboten wurde. Den Prospektoren wurden noch 8 Tage Zeit gegeben, um die gewonnenen Massen durchzuwaschen. Obwohl immer wieder gewarnt worden war, nach Namaqualand zu gehen, hatten viele ihren letzten Besitz verkauft, um in Namaqualand schnell reich zu werden. Alle diese Glücksjäger erwartete nun der Hunger. Die Situation wurde immer unerfreulicher.

Im November 1927 wurde die „Precious Stones Bill" Gesetz. Die Rechte der Entdecker wurden auf die einzelnen geologischen Lagerstättentypen beschränkt. Es wurden sechs verschiedene Typen unterschieden. Zwei davon, die Austernlinie und Flußkiese, wurden MERENSKY zugesprochen. Für den 6. Typ kamen 3 Bewerber in Frage. Es handelte sich um die Fortsetzung der Austernlinie. Die H. M.-Gesellschaft kaufte mit der Zeit alle Entdeckerrechte auf, so daß sie die vollständige Kontrolle der Alexander Bay-Vorkommen besaß. Die gewonnenen Diamanten mußten der Regierung übergeben werden.

Im Mai 1928 begannen die H. M.-Gesellschaften und die staatlichen Diggings mit der Produktion. Es zeigte sich bald, daß jede beliebige Menge erzeugt werden konnte, sodaß eine Beschränkung erforderlich wurde. Wurden 1928 noch für £ 10300000 Diamanten gewonnen, so schränkte man die Produktion 1929 auf £ 2425000, 1930 auf £ 1270000, 1931 auf £ 940000, 1932 auf £ 520000 ein und hielt sie dann etwa in dieser Höhe.

MERENSKY mußte feststellen, daß die Anspannung des finanziellen und geologischen Wagnisses mit der Austernlinie Anfang 1927 ein Kinderspiel gegenüber den Sorgen war, die mit dem Erfolg kamen. Wie oft war er so weit, daß er sich wünschte, nicht nach Namaqualand auf die Diamantensuche gegangen zu sein. Eines Tages sagte er zu Ministerpräsident General HERTZOG in Pretoria: „Ich komme mir wie ein Huhn vor, das ein großes Stück Fleisch gefunden hat, aber nicht zur Ruhe kommt, um es zu fressen, weil alle anderen Hühner, Enten und Gänse es im Hühnerhof herumjagen."

Als die Südafrikanische Regierung 1930 die Claims der H. M.-Gesellschaft kaufte, erhielt MERENSKY für seinen Anteil £ 1250000. Damit rückte er in die Reihe der südafrikanischen Gruben-Magnaten. Er war jedoch zu müde, um davon beeindruckt zu sein. „Ich fühle mich nicht im geringsten wie ein Millionär, sondern wie ein alter Mann, der Urlaub nötig hat."

MERENSKY versuchte, seinen Reichtum nicht nur für sich zu nutzen, sondern fühlte, daß er gegenüber dem Land, das ihm so viel gegeben hatte, auch eine Pflicht zu erfüllen hatte. Er wollte vor allem auch etwas für kommende Generationen tun. Durch namhafte Spenden für eine Hans-Merensky-Bücherei in Pretoria, für die Universität Stellenbosch und eine Schulfarm bei Tzaneen hoffte er, einen Teil des Empfangenen zurückgeben zu können.

Die *Obst-Expedition*, die unter Führung von Professor OBST, Professor KAISER und zwei Professoren der Universität Stellenbosch eine allgemeine geologische Studie von Südafrika erarbeiten sollte, war vollkommen von MERENSKY finanziert. Sie sollte unter anderem auch festzustellen versuchen, ob das allmähliche Austrocknen des Landes mit der Hebung des Kontinents zusammenhängt. Leider wurde diese große Arbeit durch den zweiten Weltkrieg schwer behindert.

Eine weitere Unterstützung gewährte MERENSKY einer 1935 begonnenen Untersuchung über die Intensität der Sonnenstrahlung, die in sechs Stationen in Südafrika durchgeführt wurde.

1936 begann MERENSKY, sich nochmals mit einem geologischen Problem zu beschäftigen, der Ausdehnung des Witwatersrand-Beckens nach Süden, in den *Oranje-Freistaat* hinein. Er hatte sich bisher kaum an Gold interessiert gezeigt, jedoch reizte ihn die Frage der Fortsetzung der goldführenden Schichten südlich des Vaal. Mittels geophysikalischer Untersuchungen, einer Reihe von Diamantbohrungen und sorgfältiger geologischer Bearbeitung gewann er die Überzeugung, daß hier in Kürze neue Goldgruben entstehen würden. Die Entwicklung dieses Gebiets nach dem zweiten Weltkrieg gab ihm recht.

Anschließend interessierten ihn *Chromerzvorkommen*, vor allem auf der Farm *Jagdlust*, 50 Meilen SO Pietersburg. Er ging von dem Gedanken aus, daß ein Land wie Südafrika nicht allein von Gold und Diamanten leben könne, sondern daß die einfachen Metalle auf lange Sicht viel wertvoller sein würden als die Edelmetalle. „Niemand kann jeden Tag von Champagner und Kaviar leben, sondern muß auf Brot und Butter zurückkommen", formulierte er treffend.

MERENSKY kannte die Farm Jagdlust aus der Zeit der Platinprospektion und nahm an, daß hier auch eine genügend mächtige Chromerzlagerstätte entwickelt sein könne. Die unter Leitung des Prospektors BUSSCHAU stehenden Untersuchungsarbeiten konnten bald einen Chromerzhorizont von 1,2 bis 2,4 m Mächtigkeit auf etwa 7 Meilen Länge erschließen. Er kaufte die Farm Jagdlust und die angrenzende Farm Winterveld. Das große Vorkommen war zwar im Augenblick noch von geringem Interesse, denn der Chromgehalt war mit etwa 43% Cr_2O_3 relativ gering und die Transportlage sehr ungünstig, aber mit der Zeit mußte das Riesenvorkommen wertvoll werden. Im Jahre 1952 kaufte die Union Carbite Corporation das Chromerzvorkommen für über £ 500000.

1937 kam er am *Loolekop* im Palabora-Distrikt dazu, wie der Prospektor CLEVELAND in einem Schurf nach Glimmer suchte, jedoch nur *Vermiculit* fand. Er beging die Umgebung des Schurfs und übersah sofort, daß es sich hier um eine bedeutende Lagerstätte des Isolationsstoffes Vermiculit handelte. Die sofort angesetzten Untersuchungsarbeiten wiesen dann auch eine im Weltmaßstab beachtliche Lagerstätte nach.

Einmal irrte jedoch auch MERENSKY in der Beurteilung einer Lagerstätte. Es handelte sich um ein *Asbest*vorkommen in der Nähe der Farm Jagdlust. Nach eingehender Prospektion zeigte sich ein kleines Chrysotilvorkommen guter Qualität in dolomitischem Gestein und ein großes Vorkommen von Amosit im kieseligen Eisenerz, wobei die Fasern jedoch unbrauchbar waren. Immer wieder hoffte der 80jährige MERENSKY, durch weitere Untersuchungen ein günstiges Resultat zu erreichen.

Bei Ausbruch des zweiten Weltkrieges hatte sich MERENSKY auf seine Farm *Westfalia* zurückgezogen. Der 68jährige widmete sich nun mit großem Eifer der wissenschaftlichen Bearbeitung seiner Farm. Wie er bei seinen Prospektionen methodisch vorging, nahm er sich auch mit großer Gründlichkeit der landwirtschaftlichen Probleme an. Untersuchung der Bodenerosion, Wasserwirtschaft, Züchtung von geeigneten Gräsern und Zuckerrohr, Viehwirtschaft und Forstwirtschaft waren seine Hauptarbeitsgebiete. Er baute eine kleine Talsperre, um genügend Wasser für Bewässerungszwecke zur Verfügung zu haben. Die ziemlich heruntergewirtschaftete Farm Westfalia war nach 10jähriger Arbeit zu einer Musterfarm geworden. Die Ergebnisse seiner systematischen Untersuchungen und Experimente standen auch den anderen Farmern zur Verfügung.

Im Alter von 75 Jahren packte MERENSKY nochmals die Lust am Prospektieren. Während des Krieges war er zweimal aufgefordert worden, die alten *Phosphatvorkommen* der South African Phosphate Co. zu überprüfen. Als auch nach dem Krieg die Lage am Phosphatmarkt in Südafrika noch angespannt war, erinnerte sich MERENSKY, früher am *Loolekop* apatitreiches Gestein gesehen zu haben. Die Prospektion dauerte einige Jahre und kostete über £ 60000. Als die Ergebnisse endgültig vorlagen, war MERENSKY sehr befriedigt; denn er war sicher, daß es seine letzte erfolgreiche Prospektion gewesen war. Ein gewaltiges Rohstoffvorkommen konnte nachgewiesen werden, das der Landwirtschaft Südafrikas zugute kam. Für £ 738735 erwarb die südafrikanische Regierung die ungeheure Phosphatlagerstätte. Nach einem Jahr weiterer Erkundung konnte die staatliche Gesellschaft *Foscor* ein Phosphatvorkommen im Werte von etwa £ 300 Millionen nachweisen. Vier Jahre später wurden noch Vorkommen von Kupfer und Uranerz am Loolekop festgestellt, wie das MERENSKY früher auf einer Karte eingetragen hatte.

Nach einem so erfolgreichen Leben wurden MERENSKY auch viele *Ehrungen* zuteil. Noch zuletzt hatte er die Draper Memorial Medal der Geological Society of South Africa erhalten. Früher hatten ihn die Universitäten Stellenbosch und Pretoria mit dem Dr. h. c. und die Technische Hochschule Berlin-Charlottenburg mit dem Dr.-Ing. e. h. ausgezeichnet. Die Preußische Akademie der Wissenschaften hatte ihm die Leibniz-Medaille verliehen und die Bayrische Akademie in München ihn zum Senator ernannt.

In seinen letzten Jahren bewegte ihn immer der Gedanke, den besten Weg zu finden, daß sein Werk auch nach seinem Tode zweckmäßig fortgesetzt werden konnte und sein Reichtum nützlich angewendet wurde. Der größte Teil seines Vermögens wurde einem *Hans-Merensky-Trust* übergeben, um die Grubenbetriebe und Farmen in mindestens zehn Jahren auf einen optimalen Stand zu bringen. Dann sollte das gesamte Vermögen in eine *Hans-Merensky-Stiftung* eingebracht werden. Dadurch hoffte er zu erreichen, daß der Fortgang seiner Arbeiten gesichert wurde und ganz Südafrika daraus Nutzen ziehen konnte.

Die agrikulturtechnischen und forstwirtschaftlichen *Experimente* auf der Farm Westfalia sollten fortgeführt werden, um die Austrocknung und Erosion des Bodens weiter wirksam bekämpfen zu lernen und die Verbesserung und Düngung des Bodens zu studieren. Die Kreuzungsversuche mit verschiedenen Rindern und die Versuche mit Citruspflanzungen in verschiedener Höhenlage wurden fortgesetzt. Auch die Maßnahmen zur Verbesserung der Lebenshaltung der eingeborenen Farmarbeiter gingen in MERENSKYs Sinne weiter. Auf dem Farmteil Fredericksdal wurde 1955 von der forstwirtschaftlichen Fakultät der Universität Stellenbosch ein großzügiger wasserwirtschaftlicher Versuch eingeleitet. Fünf Täler wurden mit automatischen Regenmeßeinrichtungen und Abflußkontrollen versehen. Das erste Tal wurde in seinem Zustand belassen, um als Kontrollgebiet dienen zu können. Im zweiten Tal wurden *Eucalyptus saligna*, im dritten Kiefern angepflanzt. Im vierten Teil wurden den Boden zerstörende und im fünften den Boden erhaltende Ackerbaumethoden angewandt.

Darüber hinaus soll die Stiftung Schenkungen und Anleihen an Personen und Institutionen gewähren, um Forschungen auf den Gebieten der Land- und Forstwirtschaft, Viehzucht, Medizin, Bergbau, Chemie und Technik durchführen zu können. Schließlich soll sie Stipendien für weiße und farbige Studenten, Unterstützungen an Wohlfahrtseinrichtungen und Schulen verteilen.

Es war, als hätte MERENSKY gefühlt, daß sein Ende naht. In Äußerungen gab er seinen Mitarbeitern noch letzte Anweisungen. Mit einer schweren Bronchitis legte er sich am 20. Oktober 1952 nieder, um am gleichen Abend sanft zu entschlafen.

Hoch über dem Farmhaus der Farm Westfalia liegt in einem Gedenk-Park ein Gedenkstein mit der einfachen Inschrift:

HANS MERENSKY 1871–1952

Seine Asche wurde seinem letzten Willen gemäß über die Wälder seines geliebten Rosendal gestreut.

Einfach und schlicht, wie er auch in seinem ganzen Leben war, hatte er es so gewünscht. „Wenn ein Mensch sich während seines Lebens kein gutes Gedenken sichert, verdient er auch nach seinem Tode keines", war seine Meinung.

Lesesteine

Die neueste Erdgaslegende

Westeuropäische Presseorgane beschäftigen sich recht lebhaft mit einem angeblich neuen „wissenschaftlichen" Problem. In der Po-Ebene hat eine geologische Regierungskommission in den letzten Jahren festgestellt, daß sich im Po-Delta der Boden senkt.

Das ist nichts Überraschendes; denn die große Mächtigkeit pleistozäner und alluvialer Schichten weist dort darauf hin, daß diese Senkungsvorgänge in den letzten 10000 Jahren beständig stattgefunden haben. Sie stellen ein letztes Abklingen der großen Absenkung der südlichen Vortiefe der Alpen dar.

Seit langem ist den Erdölkonzernen, vor allem der Standard-Oil und ihren Tochtergesellschaften, die erfolgreiche Tätigkeit der italienischen staatlichen Erdöl/Erdgasgesellschaft ein Dorn im Auge. Diese hat bekanntlich die reichen Erdgasfelder der Po-Ebene aufgeschlossen. Im letzten Jahrzehnt konnte dadurch die norditalienische Industrie zur Auswertung des Erdgases übergehen, bisher eingeführte Steinkohle einsparen und sich eine eigene Basis für die petrochemische Industrie schaffen. Man läßt von seiten der Erdölkonzerne kein Mittel unversucht, die italienische Erdöl-Erdgasgesellschaft zu diffamieren und ihr Schwierigkeiten zu bereiten, um sie zu Fall zu bringen, zu beerben und die italienische Nation erneut in größere ökonomische Abhängigkeit zu bringen.

Zu diesem Zweck stellte man die folgende pseudowissenschaftliche Theorie auf und läßt sie durch die verschiedensten Veröffentlichungen verbreiten:

Der Untergrund des Po-Tales sinkt, weil aus seinem Untergrund Erdgas gefördert wird! An den Überflutungen des Tales — fast regelmäßig hat der Po zwei mehr oder weniger katastrophale Hochwasserschwellen im Jahr — ist die Erdgasförderung schuld! Sie hat verursacht, daß im Herbst 1957 mehr als 10000 ha Ackerland überschwemmt wurden und mehr als 25000 Menschen ihre bedrohten Häuser verlassen mußten. 1951 hatten die Flutschäden eine Höhe von fast $^1/_4$ Milliarde DM erreicht, (obwohl damals von einer nennenswerten Erdgasförderung noch gar keine Rede sein konnte).

Trotzdem erheben die bewußten oder unbewußten Fürsprecher der Standard-Oil die Forderung: Auf Grund der Feststellungen der geologischen Kommission, daß die Po-Ebene absinkt, soll die Erdgasförderung eingestellt werden! Sollte man dies nicht tun, dann würden weiterhin neue Überschwemmungskatastrophen die Produktion der wichtigsten landwirtschaftlichen Provinz Italiens bedrohen.

Mit dieser plumpen, pseudowissenschaftlichen Legende hofft man an interessierter Stelle, die durch die Nachlässigkeit bei der Eindeichung des Poflusses entstehenden Flutkatastrophen dem neuen Industriezweig, der Italien seinen billigsten Energieträger liefert, in die Schuhe schieben zu können. Wie man sieht, schreckt man aus Profitsucht und Konkurrenzneid innerhalb der kapitalistischen Wirtschaft mitunter auch vor den dümmsten Verdrehungen nicht zurück. Derartige pseudowissenschaftliche Theorien waren und sind eines der gefährlichsten Kampfmittel der imperialistischen Erdölmonopole. L.

Besprechungen und Referate

HOHL, R.

Zur Entstehung von Tertiärquarzitlagerstätten

Zeitschrift „Silikat-Technik" 1957, Heft 9, S. 368—372

Bei der Verwendung von Quarziten zur Herstellung von Silikasteinen hat sich schon seit Jahrzehnten erwiesen, daß die Tertiärquarzite besser geeignet sind als die Kristallquarzite (Felsquarzite), weil eine enge Beziehung zwischen dem Zementgehalt der Tertiärquarzite und der Umwandlungsfähigkeit in die höheren Kieselsäuremodifikationen besteht. Durch Untersuchungen von H. KLEG wurde diese Tatsache erneut erhärtet. Andererseits können auch aus kristallinen Quarziten hochwertige Silikasteinqualitäten erzeugt werden. Jedoch ist die Herstellung wesentlich teurer, weil Felsquarzite im Gegensatz zu Tertiärquarziten feiner gemahlen und bei höheren Temperaturen länger gebrannt werden müssen. Da Tertiärquarzitlagerstätten nur in beschränktem Umfang vorkommen, wirtschaftlich aber für die Deutsche Demokratische Republik von besonderer Bedeutung sind, wurden seitens der Staatlichen Geologischen Kommission seit dem Jahre 1950 Erkundungsarbeiten, im wesentlichen unter der Leitung des Verfassers, durchgeführt. Die Quarzitproben wurden in den Laboratorien der Staatlichen Geologischen Kommission mit modernen Methoden (chemische, petrographische, spektrochemische, gesteinsphysikalische Untersuchungen, Brennversuche, Differentialthermoanalysen, röntgenographische Pulveraufnahmen) untersucht und dabei wesentliche Neuerkenntnisse über die Umwandlung des Quarzes in die höheren Kieselsäuremodifikationen beim Brennen gewonnen.

Nach diesen einleitenden Bemerkungen werden die wichtigsten Quarzitvorkommen in der Deutschen Demokratischen Republik (Fuchsberg bei Großkorbetha, Glossen bei Mügeln, Haardorf bei Osterfeld, Doberschwitz bei Leisnig) beschrieben und auch Angaben über die beiden bei uns technisch verwendeten kristallinen Quarzite von Oberschöna bei Freiberg und von Sproitz (Lausitz) gemacht.

Dann werden die Quarzite petrographisch untergliedert, wobei insbesondere Untertypen der tertiären Zementquarzite herausgestellt werden.

Nach allgemeinen Erörterungen über die Bildung von Quarzitgesteinen wird genauer auf die Entstehung der Tertiärquarzite eingegangen. Sie wurden durch Verkittung lockerer Sande durch eindringende Kieselsäure an Ort und Stelle gebildet. Diesen Vorgang der „Einkieselung" muß man von einer „Verkieselung" unterscheiden (KALKOWSKY). Eine „Verkieselung" tritt dann ein, wenn das ursprüngliche Bindemittel des Gesteins teilweise oder völlig durch Kieselsäure ersetzt wird. Bei der Erklärung der Genese der Tertiärquarzite wird besonders auf die Untersuchungen B. V. FREYBERGs hingewiesen. Die „Einkieselung" ehemals loser Sande ist im Bereich des Grundwassers, ähnlich der heutigen Ortsteinbildung, bei einem mehr oder weniger feuchtwarmen Klima im Tertiär erfolgt. Die Kieselsäurelösung durchsetzte die Sande von oben nach unten. Der schichtweise Ablauf der Einkieselungsvorgänge läßt sich auf den untersuchten Tertiärquarzitlagerstätten deutlich erkennen. Die Kieselsäure stammt aus den Quarzkörnern der Sande selbst, zum Teil wohl auch aus hellem Glimmer. Die Quarzitbildung ging in den höher gelegenen Teilen der alten Landoberfläche zwischen den großen Senkungsbecken der Braunkohlenbildung vor sich, wie B. V. FREYBERG bereits 1926 zeigen konnte. Auf Grund der Beobachtungen im Verlauf der geologischen Erkundungsarbeiten scheinen Einkieselungsvorgänge im Tertiär mehrfach erfolgt zu sein.

Auf die besondere Bedeutung erdgeschichtlicher Studien, die sich nicht allein auf das praktische Aufsuchen von Quarzitlagerstätten beschränken dürfen, wird besonders hingewiesen. HOHL

SANDNER, A.

Das Problem der seismischen Grenzschichtwelle bei der Behandlung der Wellenbewegung

Freib. Forsch.-H. C 26, Akademie-Verlag Berlin 1956, Preis DM 4,50.

Experimentell ist die sogenannte Refraktionswelle längst durch viele Versuche nachgewiesen, doch fehlte bisher dazu eine geeignete Übersicht ihrer theoretischen Grundlagen. Die mathematischen Bedingungen für die Grenzschichtwelle werden zusammengestellt und ihre Lösungsmethoden verglichen. Als allgemeine Behandlungsmethode für diesen Fragenkomplex ergab sich die Integration mit dem Duhamel's-Integral, daß mit Hilfe der Laplace-Transformation leicht bewältigt werden kann. Alle mathematischen Einschränkungen werden diskutiert.

Die Bedeutung der theoretischen Erörterungen liegt darin, daß durch sie die Existenz der Grenzschichtwelle in der Refraktionsseismik gesichert ist. Daß viele Einzelfragen der Arbeit durch praktische Messungen noch weiter bestätigt werden müssen (z. B. die Genauigkeit bei der Bestimmung der Amplituden, aus dem Entfernungsgesetz die Tiefe der Trennschicht, d. h. des ersten schallharten Horizontes zu bestimmen), beeinträchtigen keineswegs die Bedeutung der vorliegenden Arbeit. Es wäre sehr erfreulich, wenn die Schrift Anregung zur experimentellen Behandlung der als ungelöst bezeichneten Probleme sein würde.

E. HAMEISTER

PALEJ I. P.

Die Anreicherung gediegenen Selens in der Oxydationszone einer Kieslagerstätte

„Geochemie" (russ.), Nr. 7/1957

Selen ist eine charakteristische Beimengung der Erze in den Kieslagerstätten des Urals; sein Gehalt beträgt gewöhnlich tausendstel Prozent. Die im Südural gelegene Pyritlagerstätte Kul-jurt-tau zeichnet sich durch die höchsten Selengehalte aus, denn die primären Erze enthalten maximal 0,23% Se.

Diese Lagerstätte besitzt eine ausgezeichnet entwickelte, 40 m mächtige Oxydationszone mit ausgeprägter vertikaler zonarer Gliederung, die im allgemeinen für die Kieslagerstätten des Urals typisch ist: unter den Brauneisensteinen des „Eisernen Hutes" liegt die Auslaugungszone, darunter folgt die Zone der sekundären Sulfidanreicherung, die dann nach unten zu allmählich in die Zone der primären massigen Erze übergeht. Der Selengehalt in den oberen Teilen des „Eisernen Hutes" beträgt 0,002%, er erreicht 1—2% in der meist aus quarzigem Material bestehenden Auslaugungszone. In den feinen Fraktionen ($< 0{,}04$ mm) des Erzes ist hierbei eine Anreicherung um das 2—5fache, manchmal um das Hundertfache zu beobachten. In der erwähnten Lagerstätte Kul-jurt-tau ist als originell zu bezeichnen, daß an der Grenze zwischen Auslaugungs- und sekundärer Anreicherungszone eine 3—10 cm mächtige Schicht auftritt, bestehend aus schwarzem, rußartigem pyritisch-quarzigem Material, in der der Selengehalt 11% erreicht; in der feinen Fraktion erreicht er sogar 39%.

Verschiedene Untersuchungen (Lötrohrproben, Anschliffe, Debyegramme) wiesen nach, daß es sich hierbei um gediegenes Selen handelt, das damit die wesentliche Form des Auftretens von Selen in der Oxydationszone von Kieslagerstätten darstellt.

Die starke Anreicherung von gediegenem Selen im unteren Teil der Auslaugungszone ist auf die reduzierende Wirkung der absteigenden Wässer zurückzuführen, deren Azidität nach unten zu wächst, während der Sauerstoffgehalt abnimmt; die maximale Menge an Selen fällt dann in der Nähe des Grundwasserspiegels aus; seine stabilste Lage wird ja bekanntlich durch die Grenze zwischen Auslaugungs- und Anreicherungszone bestimmt. W. OESTREICH

Zum Entwurf eines neuen Gesetzes über die Gesamtplanung im Rheinischen Braunkohlengebiet

Montan-Archiv Nr. 85/86 vom 30. 10. 1957.

Der Minister für Wirtschaft und Verkehr, Dr. KOHLHASE, gab anläßlich der 1. Lesung des Gesetzes im Landtag Nordrhein-Westfalen am 23. 9. 1957 eine Erklärung ab, die hier in ihren wesentlichen Punkten wiedergegeben ist.

Das Rheinische Braunkohlengebiet zählte bereits vor dem 2. Weltkrieg zu den bedeutendsten Deutschlands. Es erstreckt sich in einer Breite von durchschnittlich 45 km und einer Länge von etwa 80 km aus dem Raume Köln—Brühl—Euskirchen im Südosten über den Raum Grevenbroich—Rheydt—Erkelenz hinaus nach Nordwesten bis an die niederländische Grenze.

Die Braunkohle liegt vorwiegend unter losen, teilweise stark wasserführenden diluvialen und alluvialen Sanden, Kiesen und Schottern. Ihre Mächtigkeit schwankt erheblich; örtlich beträgt sie bis zu 100 m. Die Gesamtvorräte belaufen sich nach bisherigen Berechnungen auf ca. 60 Milliarden Tonnen. Hiervon sind aber nach den geologischen Verhältnissen und dem heutigen Stande der Technik nur etwa 40% gewinnbar. Im Tagebau werden davon voraussichtlich etwa ca. 6 Milliarden Tonnen abgebaut werden können. Bei der geplanten Förderung von mindestens 100 Millionen Tonnen jährlich würden die durch Tagebaue gewinnbaren Vorräte also noch für ca. 60 Jahre reichen.

Im Bereiche der Ville westlich Köln ist nur eine geringmächtige Decke vorhanden. Nach Norden und besonders nach Westen nimmt ihre Mächtigkeit jedoch wesentlich zu. So ist die Braunkohle westlich der Erft — durch eine Störungszone bedingt — bis zu 500 m treppenartig abgesunken. Weiter westlich wird die Mächtigkeit des überlagernden Deckgebirges jedoch wieder geringer. Im Bereich des Hambacher Forstes liegt die Kohle nur noch in 150 bis 300 m Tiefe und noch weiter im Westen, im Raume zwischen der Inde und Eschweiler sind die Deckgebirgsverhältnisse für einen Abbau noch günstiger.

Mit der Einführung des Brikettierverfahrens in der zweiten Hälfte des vorigen Jahrhunderts hat der Braunkohlenbergbau besondere wirtschaftliche Bedeutung erlangt. Durch die geologischen Verhältnisse bedingt, hat sich der Bergbau zuerst im Gebiet der südlichen Ville entwickelt, wo durch die geringe Deckgebirgsmächtigkeit in technischer und wirtschaftlicher Hinsicht die günstigsten Voraussetzungen für eine Gewinnung der Kohle im Tagebau vorhanden waren. Auch heute befindet sich das Zentrum mit dem größten Teil der vorhandenen Tagebaue noch in der Ville in einem rd. 52 km langen und bis zu 10 km breiten, nord südlich sich erstreckenden Gebiet. Da die Vorräte im südlichen und mittleren Teil dieser Zone jedoch in wenigen Jahren erschöpft sein werden, muß sich der Bergbau zwangsläufig nach Norden und Westen verlagern. Gleichzeitig wird angestrebt, den Bergbau in wenigen Großbetrieben zusammenzufassen. Man hofft hierdurch, die mit zunehmender Teufe im größeren Umfang auftretenden Schwierigkeiten besser überwinden zu können.

Um die Jahrhundertwende wurden im Rheinischen Gebiet jährlich etwa 11 Millionen Tonnen gefördert. Der größte Teil wurde zur Brikettherstellung verwandt. Die Förderung betrug 1938 schon rd. 38 Millionen Tonnen und 1956 erreichte sie 82 Millionen Tonnen. Über die Hälfte der geförderten Braunkohle gelangte in die Kesselhäuser der Kraftwerke und etwa 32,5 Millionen Tonnen (= 40%) wurden zur Brikettherstellung verwendet.

Im Rheinischen Braunkohlenbergbau werden z. Z. insgesamt rd. 26000 Menschen beschäftigt. Pro Mann und Schicht werden ca. 13 t gefördert, wogegen die Förderleistung im Steinkohlenbergbau an der Ruhr nur 1,4 t pro Mann und Schicht beträgt.

Die Umwandlung der Braunkohle in Strom stellt heute die beste Veredlungsmöglichkeit dar. Die Bedeutung der Rheinischen Braunkohle für alle Wirtschaftszweige wird wohl allen klar, wenn man bedenkt, daß 1956 durch die Braunkohle dieses Gebietes mit 15,8 Milliarden kWh etwa $^1/_3$ der Stromerzeugung der Bundesrepublik gedeckt werden konnte. Für 1962 ist eine Mehrförderung von 18 Millionen Tonnen = 22% gegenüber 1956 geplant, d. h. die Rohkohlenförderung soll 100 Millionen Tonnen betragen.

Wie bereits erwähnt, werden die Vorräte im südlichen Teil der Ville in wenigen Jahren nahezu restlos erschöpft sein. Es wird nur noch eine äußerst geringe Förderung aus dem Felde Donatus südlich der Linie Brühl—Liblar und aus dem im Aufschluß befindlichen Tagebau westlich Zülpich verbleiben. Als Ersatz hierfür müssen mehrere Großtagebaue aufgeschlossen werden. Im mittleren und nördlichen Bereich der Ville sind dies der Zentraltagebau Frechen, der Großtagebau Fortuna (östlich Bergheim) und der Tagebau Frimmersdorf. Die Tagesförderung hieraus soll insgesamt 200000 t betragen. Im westlichen Teil des Braunkohlengebietes — im Raume von Eschweiler — werden die Tagebaue Zukunft West und Inden mit einer Förderung von etwa 100000 t täglich eingeplant.

Die Grenzen des Zentraltagebaues Frechen und des Großtagebaues Fortuna sind durch den Erftsprung im Westen und das Ausgehende im Osten festgelegt. Der Tagebau Frimmersdorf soll sich nach den augenblicklichen Planungen im Norden bis an die Eisenbahnlinie M.-Gladbach—Jülich erstrecken. Er hat jedoch die Möglichkeit, sich in ferner Zukunft weiter nach Westen und Nordwesten auszudehnen. Ferner stehen im Raume um Erkelenz noch Vorräte minderer Qualität, aber in geringerer Teufe an.

Die drei im Bereich der Ville liegenden Tagebaue werden in etwa 30 Jahren ausgekohlt sein. Es ist daher notwendig, bereits jetzt mit den Projektierungsarbeiten für den Aufschluß der im Westen noch im Tagebau erreichbaren Braunkohlenvorräte zu beginnen. Der Abbau der im Gebiet des Hambacher Forstes östlich der Linie Jülich—Düren auf einer Fläche von ca. 70 km² mutmaßlich anstehenden 2 Milliarden Tonnen Braunkohle soll nach etwa 15 Jahren erfolgen. Die notwendigen Aufschlußarbeiten hierzu müssen allerdings schon 1962 anlaufen.

Westlich der Ruhr ist das Kraftwerk Weisweiler mit Braunkohle aus dem Tagebau Zukunft-West und dem entstehenden Tagebau Inden zu versorgen. Die für den Abbau vorgesehene Fläche beträgt etwa 55 km². Die Vorräte decken den Bedarf für etwa 40 Jahre.

Die tiefliegende Braunkohle — vorwiegend zwischen Erft im Osten und Hambacher Forst im Westen — kann nach dem gegenwärtigen Stand der Technik nur im Tiefbau gewonnen werden. S. DRESSEL

Westdeutsche Wirtschaftsmonographien — Braunkohle — Folge 2

Verlag Konstantin Stäuber, Köln-Lindenthal (1957)

Der mit vielen ausgezeichneten Abbildungen versehene Band Braunkohle der Westdeutschen Wirtschaftsmonographien ist ein Sammelband einer Reihe wertvoller Themen. Besonders hervorzuheben sind die Aufsätze von Bergrat H. PIEPER, Brühl, und Ministerialrat a. D. W. RAAK, Köln, über „Deutsche Braunkohle — Rheinische Braunkohle" und von Dr.-Ing. MARTIN KAISER, Köln, über: „Das rheinische Braunkohlenvorkommen und seine Ausbeutung". Jedoch auch „Die Rekultivierung im Kölner Braunkohlenrevier" von Landforstmeister WEMPER, Köln, verdient besonders hervorgehoben zu werden.

Bekanntlich zählt Deutschland zu den braunkohlenreichsten Ländern der Erde. Im Geiseltal unweit Merseburg und auf der Grube Fischbach an der Köln—Aachener Bahn stehen Mächtigkeiten bis zu 100 m an. Für den Abbau dieses wertvollen Rohstoffes ist das Verhältnis Abraum zu Kohle ein entscheidender Faktor. Während in der DDR das Verhältnis Abraum zu Kohle von 4:1 bis 6:1 beträgt, lag das Verhältnis im Rheinland 1954 bei 0,6:1, also wesentlich günstiger. Dieses Verhältnis wird sich in den nächsten Jahren jedoch auf 2,5:1 verschlechtern. Im Rheinischen Braunkohlenbergbau, der mit 86,2% der Produktion und 89,8% der Brikettherstellung das weitaus größte und bedeutendste Braunkohlenrevier der Bundesrepublik ist, gehen viele Tagebaue im südlichen Teil des Reviers in den nächsten Jahren ihrer Auskohlung entgegen. Aus diesem Grunde müssen die Tagebaue vom Süden nach Norden wandern und die flachen Tagebaue den Tieftagebauen weichen. Im Norden des Reviers besitzt das Flöz eine geringere Mächtigkeit, ist teilweise in mehrere Flöze aufgespalten und wird von zahlreichen Verwerfungen durchsetzt.

Das Profil gibt eine Vorstellung von der künftigen Entwicklung im Rheinischen Revier und von den Schwierigkeiten, die die zahlreichen Sprünge dem Abbau bereiten.

Ehe die Grenze zwischen Tagebau und Tiefbau möglichst weit in die Tiefe verlegt werden konnte, mußte eine intensive Bohrtätigkeit einsetzen, „um die Flözablagerungen und die Voraussetzungen für einen tagebaumäßigen Abbau der tiefliegenden Schollen zu klären". Als Voraussetzungen für einen wirtschaftlichen Abbau sehen die Verfasser große, geschlossene Kohlenfelder mit der nötigen Lebensdauer und den Einsatz großer Gewinnungsgeräte an. So wurde vor allem der Schaufelradbagger weiterentwickelt, der in Zukunft im Rheinischen Revier bei Neuaufschlüssen und im Abbau eingesetzt werden soll. Trotz einer Teilentwässerung des Erftbeckens werden sich die zu hebenden Wassermengen in den nächsten Jahren wesentlich erhöhen.

Da in den Neuaufschlüssen der Anteil an Ballastkohle und somit der Aschengehalt beträchtlich ansteigen wird, werden die Kraftwerke gezwungen sein, „im vermehrten Umfange aschereiche Kohle zu verbrennen."

Die Autoren weisen in ihrem Artikel auch auf die ungewöhnliche Anspannung in der Brikettversorgung — durch die widernatürliche Spaltung Deutschlands bedingt — hin und mahnen, keine neuen Brikettfabriken zu errichten, da sich dies möglicherweise als Fehlinvestition erweisen könnte. In der Monographie wird auch über die in Abbau stehenden Braunkohlenvorkommen von Niedersachsen, Hessen und Bayern berichtet.

Ebenfalls behandeln die Verfasser den Braunkohlenbergbau in der Deutschen Demokratischen Republik. Sie weisen dabei auf die Bedeutung der Braunkohlen als Ausgangsbasis für viele Zweige unserer Wirtschaft hin und geben für die Jahre 1936—1956 über unsere Braunkohlenförderung, Braunkohlenbrikettherstellung und Braunkohlenkokserzeugung eine Übersicht. Die westdeutschen Verfasser schreiben, daß der Hauptteil der derzeitig in der DDR erfaßten gewinnbaren Kohlenvorräte in Feldern von mehr als 250 Mill. t Inhalt zur Ablagerung gelangte und daß die größten Braunkohlenvorräte in der Lausitz liegen. Auf die unterschiedliche Qualität der in der DDR anstehenden Braunkohlen wird ebenfalls hingewiesen.

Prof. HANS BILLE weist in einem weiteren Aufsatz auf die enge Verbundenheit der Rohbraunkohle mit der Brikettherstellung und Stromerzeugung hin. Er schildert recht ausführlich die Entwicklung des Braunkohlenstromes und seine Bedeutung für die Industrie.

Weiter schreibt Landforstmeister WEMPER über die Probleme der Rekultivierung im Kölner Braunkohlenrevier. Der nach Norden fortschreitende Abbau tritt hier aus dem Waldgebiet des Vorgebirges heraus und erfaßt die fruchtbaren Ackerböden der Niederung. In diesem sehr interessanten Artikel wird über die zahlreichen Versuche der Rekultivierung und über ihre Erfolge bei Bepflanzung mit Nadel- und Laubhölzern ausführlich berichtet.

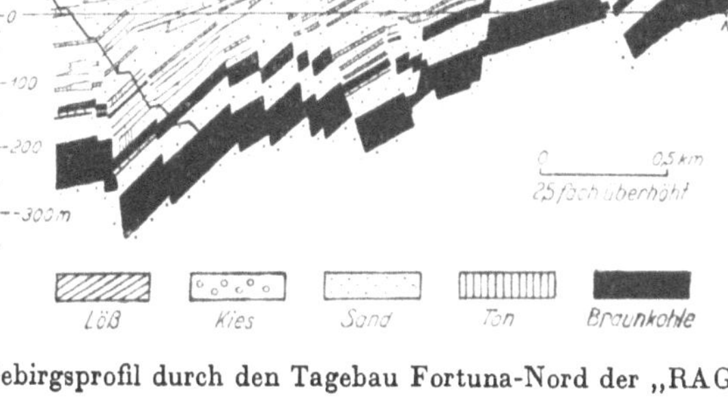

Gebirgsprofil durch den Tagebau Fortuna-Nord der „RAG"

In bester technischer Aufmachung und mit zahlreichen Abbildungen versehen, stellt der Band Braunkohle der „Westdeutschen Wirtschaftsmonographien" eine Bereicherung der Fachliteratur dar. DRESSEL

NEUMANN, G.

Kritische Situation im Metallerzbergbau

Bergbau-Rundschau Nr. 8, Bochum, August 1957

Kurseinbrüche und Preisverfall bedeuten eine ernste Gefahr für Blei-Zinkerzgruben und Hüttenbetriebe der kapitalistischen Wirtschaft. Der Verfasser untersucht den Einfluß der technischen, wirtschaftlichen und politischen Entwicklung auf die ökonomische Bedeutung der Metalle Blei und Zink.

Es wird zwischen industriell hochentwickelten Einfuhrländern und wirtschaftlich weniger entwickelten Ausfuhrländern unterschieden. Die erste Gruppe, z. B. England, Belgien, Deutschland, Frankreich und seit der Jahrhundertwende auch die USA, führen diese Erze aus Überschußgebieten wie Gesamtafrika, Mexiko, Südamerika, Australien und Kanada ein. In einigen Überschußländern entwickelte sich im Gefolge der letzten zwei Weltkriege eine eigene Hüttenindustrie. Das Bestreben dieser noch unterentwickelten Länder, wirtschaftlich unabhängig zu werden, läßt diese Entwicklung noch andauern.

Die Bundesrepublik kann 70% des Bedarfs an Zink und 56% des Bedarfs an Blei aus einheimischen Lagerstätten decken. Die westdeutsche Bergwerksproduktion beträgt zur Zeit 92000 t Zink und etwa 65000 t Blei. Die Hüttenerzeugung erreichte 180000 t Zink und 147000 t Blei. Die Lagerstättenvorräte in Westdeutschland werden auf 2 Mio t Blei und 5 Mio t Zink geschätzt.

Der Bedarf der Industrieländer wird in den nächsten Jahren nicht mehr gedeckt werden können. Der Verfasser weist auf den sogenannten Paley-Report der USA hin, der vor einigen Jahren veröffentlicht wurde und eine Vorschau bis zum Jahre 1975 bzw. 2050 bringt. Danach wird sich die Bevölkerung der Welt von 2,6 Mrd. auf 7 Mrd. erhöhen. Der Stahlbedarf wird je Kopf der Bevölkerung von 8 t im Jahre 1955 auf 15 t im Jahre 1975 und 100 t im Jahre 2050 ansteigen. Der zukünftige Energiebedarf wird auf 70 Mrd. t SKE geschätzt. Gegenüber 1950 wird bis 1975 in der westlichen Welt mit einer Erhöhung des Bleibedarfes um 78% und des Zinks um 50% zu rechnen sein. Der gesamte Metallverbrauch der Welt erhöhte sich in den letzten 60 Jahren um das Fünffache. Die Bevölkerungszahl stieg dagegen im gleichen Zeitraum nur um 70%.

Die Abhängigkeit des westdeutschen Erzbergbaus vom kapitalistischen Weltmarkt zeigt sich in folgenden Problemen. Politik und Spekulation beeinflussen die NE-Metalle und ihre Weltmarktpreise. Die Wirtschaftlichkeit der Gruben wird durch die Notierungen der Londoner Börse bestimmt. Durch den seit Ende April 1957 anhaltenden Druck sanken die Preise für Blei und Zink auch in der DBR auf einen seit Jahren nicht gekannten Tiefstand.

Im Rahmen der konventionellen Rüstung zählen die NE-Metalle zu den wichtigsten strategischen Rohstoffen. Die weltpolitische Entwicklung beeinflußt die Preise. Während des Koreakonfliktes stieg der Preis für 100 kg Zink von 108 DM auf 200 DM und fiel dann auf 80 DM zurück.

Während des Krieges in Ägypten kam es nicht zu starken Preisbewegungen. Verf. führt diese Tatsache auf die beginnende Umrüstung auf atomare Waffen zurück. Sicher spielt hier auch die Kürze des Krieges und sein überraschender Beginn eine Rolle. Interessant ist der Hinweis, daß eine von der Öffentlichkeit kaum wahrnehmbare Neuorientierung der Rüstungswirtschaft erfolgt und auch auf den NE-Metallsektor ungünstig wirken wird. (Unter Neuorientierung ist Atomumrüstung zu verstehen!)

Bei Kriegsgefahr werden strategische Rohstoffe gehortet und nachher drückt das Überangebot den Preis. Gefährdet der Preis die Rentabilität des Betriebes, so müßte dieser vorübergehend geschlossen werden. Eine stillgelegte Grube wieder in Betrieb zu nehmen, ist stets mit einem hohen

Kostenaufwand verbunden. Voreilige Maßnahmen könnten diesen Industriezweig der westdeutschen Wirtschaft in völlige Abhängigkeit vom Ausland bringen. Verf. rechnet mit einer strukturellen Veränderung des Marktes. Die Bundesregierung soll mit rechtzeitigen Anpassungsmaßnahmen und finanziellen Mitteln die Krisen überbrücken helfen. Auf die Arbeiter sollen die zusätzlichen Lasten nicht abgewälzt werden. -pra-

v. KANN, H.

Das neue Metall Zirkon

„Industrie-Rundschau", Pforzheim, Nr. 7, Juli 1957, S. 15—17.

Dem ausführlichen Aufsatz des Verf. entnehmen wir folgende Einzelheiten:

„Das Zirkonoxyd wird in Gegenwart von Kohlenstoff im Chlorstrom bei hohen Temperaturen chloriert. Hierbei bildet sich Zirkontetrachlorid ($ZrCl_4$). Diese Verbindung wird alsdann im nach dem Erfinder benannten ‚Kroll-Prozeß' mit schmelzflüssigem Magnesium in einer Edelgasatmosphäre zur Reaktion gebracht. Dieser Prozeß wurde aus dem ursprünglich für die Herstellung von Titan entwickelten Verfahren übertragen. Der chemische Vorgang dieses Verfahrens geht aus der folgenden Formel hervor:

$$\underset{\text{(Dampf)}}{ZrCl_4} + \underset{\text{(flüssig)}}{2\,Mg} = \underset{\text{(fest)}}{Zr} + \underset{\text{(flüssig)}}{2\,MgCl}$$

Das hierbei anfallende metallische Zirkon wird auf Grund seines Aussehens — schwamm- bis koksartig — Zirkonschwamm genannt. Es liegt in dieser Form bereits als reines Metall vor, das jedoch an der Oberfläche und in den zahlreichen Poren stark mit Magnesiumchlorid durchsetzt ist."

„Das zunehmende Interesse, das dem Zirkon in den letzten Jahren entgegengebracht wird, beruht auf den zwei wesentlichen Eigenschaften des Metalls:

1. Geringer Neutronen-Einfangquerschnitt,
2. Hohe Korrosionsbeständigkeit.

Auf Grund dessen sind die Hauptverbraucher in erster Linie der Kernreaktorenbau und der chemische Apparatebau. Für die besonderen Anforderungen der Kernenergietechnik wurde eine Zirkonsorte geschaffen, die den hohen Ansprüchen hinsichtlich der Reinheit des Metalls, insbesondere bezüglich des Hafniumgehaltes, genügt.

Da die natürlichen Zirkonvorkommen stets einen Hafniumgehalt von 2—3% aufweisen, durch diesen Gehalt im Metall jedoch dessen Neutronen-Einfangquerschnitt beträchtlich

---

MARUŠIČ, R.

„Die Entwicklung des jugoslawischen Bergbaus seit Kriegsende"

Bergbautechnik 7. Jg., Nr. 9/1957, S. 480—489

Der Autor gibt eine Beschreibung der Bergbaugebiete Jugoslawiens. Besonders hingewiesen sei auf die Abschnitte Kohle, Eisen, Kupfer, Blei und Zink sowie Bauxit.

Neben Angaben über die Vorräte und die Qualität der geförderten Rohstoffe werden eingehend die Kapazität der Bergbaubetriebe, der Aufbereitungen und sonstigen Verarbeitungswerke besprochen. E.

Die wichtigsten Bergbaureviere Jugoslawiens (nach MARUŠIČ, 1957)

vergrößert wird und somit für die Kerntechnik an Interesse verliert, wurde ein allerdings recht kostspieliges Verfahren entwickelt, bereits die Erze zu trennen, so daß ein Zirkonoxyd zur Chlorierung vorliegt, dessen Hafniumgehalt unter 0,01% liegt. Als Nebenprodukt fällt Hafniumoxyd mit einem Zirkongehalt von weniger als 5% an.

Die hohen Anforderungen an den Reinheitsgrad des Zirkons gehen aus den folgenden maximalen Gehalten an Verunreinigungen für Reaktorzirkonschwamm hervor:

Typische Analyse für Reaktor-Zirkonschwamm

Hf max.	0,01	Gew.-%	Mn max.	0,005	Gew.-%
Al „	0,0075	Gew.-%	Ni „	0,007	Gew.-%
B „	0,0001	Gew.-%	N_2 „	0,01	Gew.-%
C „	0,02	Gew.-%	Pb „	0,005	Gew.-%
Cl „	0,06	Gew.-%	Ti „	0,005	Gew.-%
Fe „	0,10	Gew.-%	H_2 „	0,005	Gew.-%
Mg „	0,06	Gew.-%			

„Während das Reaktor-Zirkon nur speziell für die Kernenergietechnik von Interesse ist, findet das Zirkon handelsüblicher Reinheit auf Grund seiner anderen Eigenschaften, insbesondere seiner hohen Korrosionsfestigkeit, in wachsendem Umfang auf vielen Gebieten der Technik und namentlich im chemischen Apparatebau als Konstruktions- oder Auskleidungswerkstoff Anwendung. Neben seiner Beständigkeit gegenüber Salz- und Schwefelsäure kommt es auch gegen den Angriff etlicher anderer Medien in Betracht. Trotz des heute noch für einen Konstruktionswerkstoff relativ hohen Preises lassen sich mit Hilfe des Zirkons vielfach Korrosionsprobleme wesentlich wirtschaftlicher lösen, als dies bislang mit Edelmetallen wie Gold und Platin oder mit Tantal möglich war." E.

BROH, R.

Die Edelmetalle 1956/57

Metall, Berlin-Grunewald, Nr. 7/Juli 1957, Seite 621—623.

„Der Zeitabschnitt 1956/57 ist in der Wirtschaftsgeschichte der Edelmetalle durch weiteren Aufstieg des wirtschaftlichen und münztechnischen Verbrauches von Edelmetallen, wachsende Expansion der Bergbauerzeugung und relativ große Stabilität der Preise gekennzeichnet." Die Verwendungsmöglichkeit für Edelmetalle wurde erweitert.

Platinmetalle

(Iridium, Platin, Ruthenium, Rhodium, Osmium, Osmiridium)

Der gegenwärtig in der Welt vorhandene und wachsende Mangel an diesen Metallen läßt sich nach Einschätzung des Verfassers durch den Ausbau der südafrikanischen Bergwirtschaft, die Vergrößerung der Nebenproduktion aus der Verhüttung der NE-Metalle, die Erweiterung der Wiedergewinnung aus Abfällen und die Verbesserung der Produktionsmethoden in Zukunft befriedigen. Die Erzeugung der führenden Produzenten (Südafrika, Kanada, Sowjetunion, Vereinigte Staaten von Amerika) stieg von 600000 Unzen im Jahre 1950 auf weit über 1 Mill. Unzen im Jahre 1956. Südafrika hat in dieser Zeit Kanada den Rang als größtem Platinproduzenten strittig gemacht und arbeitet bis 1957/58 an dem Ausbau seiner Kapazität auf 500000 Unzen im Jahr. Dadurch dürfte sich nach Ansicht des Verfassers der Vorsprung Südafrikas gegenüber Kanada in der nächsten Zeit weiter vergrößern, obzwar auch Kanada seine Ausbeute, die es als Nebenprodukt bei der Verarbeitung von Nickelerzen erhält, steigert. Hinsichtlich der Preisentwicklung wird für Platin eine seit 1955 fallende Tendenz festgestellt. Gegenwärtig bewertet London die Unze Platin mit 34 Pfund Sterling, die Unze Palladium mit 8—8,5 Pfund Sterling, die Unze Iridium mit 29 Pfund Sterling, die Unze Rhodium mit 40 Pfund Sterling, die Unze Ruthenium mit 16 Pfund Sterling. „Bemerkenswert ist die Preisbildung von Iridium, das sich gegenüber Platin und Rhodium verbilligt hat und nicht mehr wie früher dem Werte nach an der Spitze der Platinmetalle steht." Eine grundlegende Änderung ist auch im Verbrauch der Platinmetalle eingetreten. Bis etwa zum Jahre 1940 gehörten die Luxusbranche (36%), die Zahntechnik (23%), die Elektrotechnik (22%) und die Chemie (14%) zu den Hauptabnehmern, während heute die Chemie mit 76% der Hauptbedarfträger ist und erst in weitem Abstand die Elektrotechnik (11%), die Schmuckwarenindustrie (10%) und die Zahntechnik (2%) folgen.

Silber

Teilweise bedingt durch den wachsenden Mangel an Kupfer und anderen Metallen, jedoch auch unabhängig davon, ist die Verwendungsmöglichkeit für Silber erweitert worden. Darüber hinaus hat dieses Metall bis zu einem gewissen Grad seine Bedeutung als Währungsdeckungs- und Münzrohstoff wiedererlangt." Im Zuge dieser Entwicklung herrscht seit mehreren Jahren eine ununterbrochene Welthausse", die zu Rekordpreisen geführt hat (amerikanische Spitzennotierungen: $91^3/_8$ Pence je Unze). Das Wachstum der internationalen Bergwerkserzeugung von Silber verdeutlicht folgende Tabelle:

	1956 (in Unzen)	1955 (in Unzen)	1954 (in Unzen)
Gesamterzeugung	225 Mill.	221,5 Mill.	213,4 Mill.
Mexiko	44,0 Mill.	48,0 Mill.	39,9 Mill.
USA	37,5 „	36,5 „	35,6 „
Mittel- und Südamerika	35,5 „	35,3 „	33,0 „
Kanada	27,5 „	27,7 „	30,0 „
Australien	14,0 „	14,0 „	13,8 „
Japan	8,0 „	6,8 „	6,8 „

1 Unze = 453,59 Gramm

Von den 225 Mill. Unzen stehen der Weltversorgung nur 213,1 Mill. Unzen zur Verfügung, da 11,9 Mill. Unzen von dem amerikanischen Schatzamt entsprechend den gesetzlichen Bestimmungen aufgekauft werden. Der Gesamtverbrauch an Silber betrug 229,3 Mill. Unzen. Das Defizit von etwa 16 Mill. Unzen mußte aus der Wiederverwertung von Altstoffen und den bei der Verarbeitung der NE-Erze anfallenden Nebenprodukten gedeckt werden. Der Gesamtbedarf der Wirtschaft erreichte 1956 einen Wert von 260,4 Mill. Unzen und lag damit um 31,1 Mill. Unzen höher als das Angebot. „Mit Rücksicht auf die ständig wachsende Nachfrage für wirtschaftliche, münz- und währungstechnische Zwecke und den hier geschilderten Gegensatz zwischen Gewinnung und Bedarf dürfte sich Silber noch auf absehbare Zeit auf seinem hohen Niveau halten."

Gold

Die Weltbergwerkserzeugung an Gold (ohne SU) stieg von 24,506 Mill. Unzen im Jahre 1953 auf 28,100 Mill. Unzen im Jahre 1956. Den weitaus größten Teil der Goldmenge produzierten die Länder des Commonwealth, nämlich 77,1% im Jahre 1953 und 81,8% im Jahre 1956. Die Südafrikanische Union stand mit 48,7% im Jahre 1953 und 56,6% im Jahre 1956 an der Spitze der golderzeugenden Länder. Im einzelnen führte die Südafrikanische Union (15,891 Mill. Unzen) vor Kanada (4,379 Mill. Unzen), USA (1,850 Mill. Unzen), Australien (1,045 Mill. Unzen) und der Goldküste (0,638 Mill. Unzen). Die Golderzeugung der SU schätzt man wertmäßig auf etwa 4,3 Mill. Unzen. Der Verfasser stellt fest, daß das Angebot an Gold in den letzten Jahren ständig gewachsen ist und die Nachfrage „im großen und ganzen ohne Schwierigkeiten" befriedigt werden konnte. Im Gefolge politischer Auseinandersetzungen begannen jedoch internationale Hortungen einen breiteren Raum einzunehmen, die dem Markt nicht unerhebliche Mengen Goldes entzogen und die Goldpreise ansteigen ließen (35,09 Pfund Sterling die Unze). Andererseits hat sich „nach dem Umsatzvolumen und unter Berücksichtigung der ständigen Verbesserung der Umarbeitungsmethoden das Verhältnis der Wiederverwertungserzeugung vergrößert." W.

SPACKELER, A.

Lehrbuch des Kali- und Steinsalzbergbaues

2. neubearbeitete Auflage, 598 S., 286 Abb., erschienen im W. Knapp-Verlag, Halle/Saale 1957

Auf vielseitigen Wunsch erschien nun endlich die zweite Auflage des obigen Werkes. Die schnelle Entwicklung der Technik im Kalibergbau hatte diese Neuauflage dringend erforderlich gemacht.

Es ist zu begrüßen, daß der Verfasser nicht nur den deutschen, sondern auch den ausländischen Kalibergbau behandelt und somit dem Leser einen umfassenden Überblick über die Geologie und Technik der Kalibezirke der ganzen Welt verschafft.

Nach einer kurzgefaßten Einführung in die Geologie der Kalilagerstätten — es wäre allerdings eine Überarbeitung der Profile und Karten sowie der stratigraphischen Bezeichnungen angebracht gewesen — erfolgt eine Erläuterung der wichtigsten chemischen Grundbegriffe sowie der gebräuchlichsten Verarbeitungsmethoden. Hier hat es der Verfasser — wie überhaupt im ganzen Buche — verstanden, so allgemeinverständlich zu bleiben, daß auch der in den chemischen Verfahrensgängen mit weniger Kenntnissen versehene Bergmann den Ausführungen stets folgen kann.

Im dritten Kapitel „Schürfen" kommt allerdings die Bohrtechnik gegenüber den geophysikalischen Meßmethoden etwas zu kurz. Besonders erscheint die Bemerkung, daß in Deutschland in den letzten Jahren zu wenig Kalibohrungen niedergebracht wurden, um neue Leistungs- und Kostenangaben machen zu können, merkwürdig.

Überhaupt war es dem Verfasser oft nicht möglich, neuzeitliche Leistungs- und Kostenangaben zu geben. Hier scheint jedoch auch ein Verschulden der einschlägigen Industrie vorzuliegen, die diese Angaben, die von allgemeinem Interesse sind, vielfach zurückhält.

Bei den Aus- und Vorrichtungsarbeiten werden die Abteufarbeiten im Salz und im Salzkopf besonders hervorgehoben, da von ihnen das Gelingen des Wasserabschlusses abhängt. In der Folge werden — nach einleitender Behandlung des Gebirgsdruck-Problems — die im In- und Ausland üblichen Abbaumethoden behandelt. Gleich anschließend wird auf die Gewinnung und deren weitgehende Mechanisierung eingegangen. Ausführlich werden auch die neuen Gesichtspunkte, die in Verbindung mit der Schlagwettergefährdung vieler Kaligruben entstanden, berücksichtigt.

Interessant ist die Anführung der modernen Gewinnungsmaschinen. Einen großen Vorsprung haben die amerikanischen und sowjetischen Gruben, da hier das mildere, kieseritfreie Salz die verstärkte Anwendung schneidend arbeitender Gewinnungsmaschinen gestattet. Der „Continuous-Miner", aus dem Steinkohlenbergbau bekannt, findet verbreitete Anwendung.

Erstmalig enthält dieses Buch einen Abschnitt über den alpinen Salzsolbergbau. Der sehr ausführlich gehaltene Abschnitt wurde von H. MAYRHOFER, Bad Ischl, gestaltet.

Das vielseitige Problem des Ausbaues von Schächten und Strecken wird unter Berücksichtigung der neuesten Ausbaumethoden besprochen und zeugt, durch zahlreiche Beispiele erhärtet, von den langjährigen Erfahrungen des Verfassers.

Bei der Behandlung des Versatzes wird dem Spülversatz als wichtigster Versatzmethode der breiteste Raum gewidmet.

Aus dem Abschnitt „Förderung" kann man entnehmen, daß der Schrapper immer noch das dominierende Fördermittel ist. Jedoch beginnt sich im Streckenvortrieb der elektrische Überkopflader durchzusetzen. In der Streckenförderung treten das Förderband und die Großraumwagen immer mehr in den Vordergrund.

Das Kapitel „Wetterführung" befaßt sich vorwiegend mit der im Salz besonders hohen Gebirgswärme sowie der immer mehr in Erscheinung tretenden Schlagwettergefahr. Auf die im Kalibergbau zu berücksichtigende Rolle der Luftfeuchtigkeit wird eingegangen.

Der Wasser- und Laugengefahr sowie den Verhütungsmaßnahmen, die ihrer Bedeutung gemäß als roter Faden im gesamten Werk in Erscheinung treten, ist der Inhalt des 12. Kapitels gewidmet. Aus den Ausführungen geht hervor, daß bisher 39 Kalischächte, das sind 15% aller geteuften, durch Laugeneinbrüche ersoffen sind. Außerdem enthält dieser Abschnitt eine Schilderung der ersten geglückten Sümpfung eines ersoffenen Kaliwerkes, nämlich der Anlage Königshall-Hindenburg.

Abschließend erfolgt eine Besprechung der Energieversorgung und der Mühlen- und Aufbereitungsbetriebe.

HARTMANN

ZÝKA, V.

Hydrogeochemische Zonen in Mitteleuropa

Acta Geologica, Tomus IV, Fasciculi 3—4, S. 383—414, 1957

In der ČSR hat sich die hydrogeochemische Schürfung in den letzten Jahren zu einem allgemein anerkannten Bestandteil der geologischen Erkundung von mineralischen Rohstoffen entwickelt und gewinnt mit den sich ständig neu ergebenden Erkenntnissen immer größere Bedeutung.

Der Verfasser, der wesentlichen Anteil an den ersten hydrogeochemischen Arbeiten der ČSR in den Jahren 1946 bis 1950 hat, übernahm es nun, über die ČSR hinaus einen Beitrag zur umfassenden Problematik der Hydrogeochemie Mitteleuropas zu liefern.

Im ersten Teil werden die wichtigsten Typen der Mineralwässer in Mitteleuropa charakterisiert und ihre Verteilung in einer hydrogeochemischen Karte dargestellt. Der Verfasser unterscheidet neun Typen je nach dem Vorherrschen bestimmter Anionen und Kationen (kalziumbikarbonatische, kalziumsulfatische, natriumchloridische Mineralwässer usw.). Die chemische Zusammensetzung dieser Wässer wird graphisch in Form der bekannten Palmer-Diagramme und erstmalig in Form von Kreisdiagrammen, die sehr übersichtlich sind, dargestellt.

Im zweiten Abschnitt der Arbeit wird über den Ursprung der einzelnen Mineralwässer Mitteleuropas ausgeführt, daß das Mineralwasser während seines Kreislaufes in den Gesteinen der Erdkruste sehr schwierigen Mineralisationsprozessen ausgesetzt ist. Die Entstehung der einzelnen Typen wird kurz erläutert. Dabei sind die Angaben über die natriumbikarbonatischen Wässer für uns besonders interessant. Chlorid und Natriumbikarbonat sind als wichtigste Bestandteile zu nennen. Daneben ist der erhöhte Gehalt an Brom und Jod interessant, sowie die gasförmigen Bestandteile wie Kohlenwasserstoffe, Schwefelwasserstoff und andere, d. h. Gase biogenen Ursprungs.

Im dritten Teil seiner Arbeit geht ZÝKA auf die Verbreitung der einzelnen Wassertypen in den einzelnen Ländern ein, und zwar in Rumänien, Polen, ČSR, Ungarn, Österreich und Deutschland (DDR und DBR). Aus dem umfangreichen Material, das dem Forscher zur Verfügung stand, konnte er die außerordentliche Verbreitung der natriumbikarbonatischen, d. h. der Ölfeldwässer und der natriumchloridischen, d. h. der Salzlagerstättenwässer für Mitteleuropa nachweisen. Die ferrosulfatischen und kalziumsulfatischen Wässer sind ebenfalls sehr verbreitet. In Ungarn und der ČSR konnte der natriumsulfatische Typ sehr oft angetroffen werden. Für Deutschland sind die kalzium- und magnesiumchloridischen Wässer typisch.

Die im Zusammenhang mit den natriumbikarbonatischen Wässern gemachten Feststellungen könnten auch für die praktische Erdölerkundung der DDR von gewisser Bedeutung sein. In Rumänien erstreckt sich dieser Typ in einer Zone längs der Außenseite des Karpatenbogens bis westlich von Bukarest. Die hier angesetzte Erkundung, die noch nicht abgeschlossen ist, erbrachte ein erdölhöffiges Gebiet. Der Verfasser weist darauf hin, daß die möglicherweise ölführenden Gebiete in den oben aufgeführten Ländern größere Verbreitung haben, als bisher angenommen wurde. Auch in Polen zeigen die Austrittsstellen der Na_2CO_3-Wässer im Neogen bei Kattowice und Kraków, daß der Karpatenflysch nicht die einzig mögliche ölführende Schichtenfolge Polens ist.

Abschließend geht der Verfasser noch auf ein wichtiges genetisches und geochemisches Kennzeichen der einzelnen Mineralwassertypen ein, und zwar auf die Proportionalitätskoeffizienten Na/K, Cl/Br, Ca/Sr, Na/Li. Dabei widmet er dem Na/K-Koeffizienten der Ölfeldwässer und dem Cl/Br-Koeffizienten besonderes Augenmerk. Die Na/K-Werte der Ölfeldwässer liegen nahe den Werten für Ozeanwasser, ebenso die Cl/Br-Koeffizienten mit 292 im Unterschied zu den Wässern der Salzlagerstätten, deren Cl/Br-Werte um das Zehnfache höher liegen.

Die vorliegende Arbeit gibt zahlreiche wertvolle Hinweise, und es wäre eine dankbare Aufgabe, wenn sich unsere jungen Hydrogeologen dieser vielversprechenden geochemischen Seite stärker als bisher widmen würden. ULBRICH

NEUMANN, R.

Die Beeinflussung der bodenphysikalischen Eigenschaften bindiger Böden durch die Kornfraktion unter 0,002 mm und Wasseraufnahme

Laboratorium für Bodenmechanik, Universität Halle [„Der Bauingenieur" 32 (1957), Heft 1, S. 6—17].

Die Veröffentlichung berührt wichtige Fragen der Methodik von Tonuntersuchungen. Diese Fragen sind überall dort von Bedeutung, wo Tone besonders für technische Zwecke Verwendung finden. Das gesamte Gebiet der Tonuntersuchungen wird an Hand einiger ausgewählter spezieller Tonvorkommen erörtert. Es werden sowohl die Untersuchungsmethoden als auch die Ergebnisse in ihrer Anwendung auf die Praxis kritisch besprochen. Daß die rein chemischen Untersuchungsmethoden wie Vollanalyse, rationelle Tonanalyse usw. hier nicht gebracht werden, erscheint durchaus berechtigt. Abgesehen von ganz bestimmten Fällen der Verwendung bestimmter Tone in der chemischen Industrie für die Aluminiumgewinnung usw. ist die chemische Zusammensetzung gegenüber anderen Kriterien für die meisten technischen Verwendungszwecke weniger von Bedeutung, auf alle Fälle weniger charakteristisch.

Aufbauend auf früheren Arbeiten von ENDELL u. a. werden besonders die Bedeutung der Röntgenanalyse, der Differentialthermoanalyse wie auch elektronenoptischer Untersuchungen — die entsprechenden praktischen Laboruntersuchungen wurden in besonderen Instituten Westdeutschlands durchgeführt — an Hand von guten Abbildungen besprochen. Diese 3 Verfahren lassen zwar den mineralogisch-petrographischen Aufbau von Tonen erkennen, das Überwiegen wenig quellfähigen Kaolinits oder höher quellfähiger Tonmineralien. Zur technischen Bewertung von Tonen für die Verwendung vor allem im Baugeschehen reichen diese Bestimmungen jedoch nicht aus. Hierfür sind die Korngrößenzusammensetzung und vor allem die Ermittlung der Wasseraufnahmefähigkeit (Enslinwert), der plastischen Kennziffern, der Fließ- und Ausrollgrenze, der Quellfähigkeit, daneben spezielle Baukriterien wie Ermittlung der Steifezahl, des Reibungswinkels usw. notwendig, um Folgerungen auf Setzungsvorgänge im Baugrund und auf die Rutschneigung von Böschungen ziehen zu können. Zweckmäßig wäre vielleicht auch ein Eingehen auf die Thixotropie gewesen. Der Verfasser weist besonders auf Beziehungen hin zwischen der Wasseraufnahmefähigkeit im Enslingerät einerseits, dem Reibungsbeiwert, der Kornverteilung, der Plastizität und der Fließgrenze andererseits. Von größter Bedeutung ist unzweifelhaft vor allem die Herausarbeitung der Wichtigkeit des Wassergehalts bei allen Fragen und Zwecken der Tonverarbeitung. An Hand von zahlreichen graphischen Darstellungen kann man nach Ansicht des Verfassers von der Wasseraufnahmefähigkeit unmittelbar Schlüsse ziehen auf die Fließgrenze, die Plastizität, die Steifezahl und bedingt auch auf die Reibung.

Der Enslinwert wird als eine der wichtigsten bodenphysikalischen Kennziffern herausgestellt. Dies kann nach Ansicht des Referenten auch insofern noch unterstrichen werden, als für die Ermittlung der Wasseraufnahmefähigkeit nur recht geringe Bodenmengen und auch nur ein geringerer Zeitaufwand benötigt werden. Daß nicht nur bei tonigen Feinstanteilen unter 0,002 mm überwiegend echte Tonmineralien vorhanden sind, sondern daß auch besonders noch im Bereich der schluffigen Gemengteile von 0,002 bis 0,06 mm mehr oder weniger tonige Beimengungen vorkommen, ist eine bekannte Tatsache. Ob dies jedoch eine Verschiebung der Ton-Schluff-Grenze, die eine zweckmäßige, aber selbstverständlich mehr oder weniger willkürliche Grenze bedeutet, notwendig macht und damit die vom Deutschen Normenausschuß erarbeiteten Kornklassen mit der Zweier- und Sechser-Grenze verändern würde, sollte hieraus nicht ohne weiteres gefolgert werden.

Abschließend sei noch erwähnt, daß der Referent bereits in einer Arbeit „Über die Beziehungen zwischen der Rutschneigung von Böden und deren physikalischen und chemischen Eigenschaften" im Jahrbuch der Pr. Geol. Landesanstalt für 1936, Band 57, S. 475/486, auf Beziehungen zwischen der Wasserbindung (w) und der Fließgrenze (fl) hingewiesen hat. Es wurde dort die Beziehung aufgestellt $fl = 0{,}56\,w$. Auf das Vorhandensein toniger Anteile bei den mittelkörnigen schluffigen Fraktionen einerseits wie auch von nichttonigen Bestandteilen in der tonigen Fraktion unter 0,002 mm weist eine Arbeit „Vergleichende Untersuchungen über die Tonbestimmung in Böden" in den Mitteilungen aus den Laboratorien der Pr. Geol. Landesanstalt 1935, Heft 21, hin. (R. LOEBE, R. KÖHLER und A. ABEL.)

Die vorliegende Arbeit des Verfassers gibt jedenfalls eine recht gute Zusammenstellung der wichtigsten Untersuchungsmethoden auf breiter Grundlage für die Bewertung von Tonen, die besonders für die Baupraxis von Bedeutung sind. Das Verhalten eines Tones wird ganz wesentlich vom jeweiligen Wassergehalt bedingt. R. KÖHLER

GESSNER, F.

Meer und Strand

Mit 211 Abb., 10 Farbtaf., 2. Auflage 1957, VEB Deutscher Verlag der Wissenschaften, Berlin. Preis 15,80 DM.

An den Anfang seines Buches „Meer und Strand" stellt GESSNER ein Kapitel über die Entstehung der Nord- und der Ostsee und die Gestaltung ihrer Küsten. Er gibt dabei einen kurzen Überblick über die postpleistozänen Veränderungen im Ost- und Nordseeraum und widmet sich dann ausführlich den Formen der deutschen Küsten und den Kräften, die diese schaffen. Noch keine Berücksichtigung finden neuere Erkenntnisse über das dynamische Zusammenwirken dieser Kräfte, die die bisherigen Ansichten von den Vorgängen im Litoral erheblich korrigieren. Ausführlich werden die Veränderungen der Insel Helgoland in den Kriegs- und Nachkriegsjahren geschildert.

Diesem mehr einleitenden Kapitel schließt der Autor einen Abschnitt über die Lebensgemeinschaften an den deutschen Meeresküsten an. Besonders eingehend behandelt er die Lebensgemeinschaft in den Küstendünen und in den Marschen.

Über die Nordsee als Lebensraum ist das erste Hauptkapitel geschrieben. Einleitend vermittelt der Verfasser einen Überblick über die Eigenarten dieses Gebietes anhand der Morphologie des Meeresbodens, der Temperatur, des Salzgehaltes und der Strömungen des Wassers. Daran schließen sich umfangreiche Beschreibungen der Lebensgemeinschaften des Planktons, seines Begriffes, des Unterschiedes zwischen Meeres- und Süßwasserplankton, der Pflanzen und Tiere, sowie der horizontalen und vertikalen Verteilung des Planktons in der Nordsee bis zu den Produktionsfaktoren des Meeres und dem Stoffkreislauf im Wasser an. Zahlreiche Diagramme, Tabellen und Abbildungen stützen hier wie auch in den anderen Abschnitten die Ausführungen des Verfassers.

Die Untersuchungen des Nektons beginnen mit der Verbreitung der Fische in der Nord- und Ostsee anhand einiger Beispiele. Anschließend werden die hydrographischen Verhältnisse im Watt, sodann die zonale Anordnung der Lebensgemeinschaften der Wattflächen sowie der tieferen Gebiete des Wattenmeeres beschrieben. Weiterhin nimmt der Autor in seinen Untersuchungen Stellung zu dem Meeresboden als Lebensraum und schildert die endo- sowie epibiotischen Formen der Lebensgemeinschaft sowie die Produktivität des Meeresbodens. Über die Erforschung der Biozönosen der unteren Elbe und ihres Mündungsgebietes wird ausführlich berichtet, ebenso wie über die der Helgoländer Felsküste.

Das zweite Hauptkapitel handelt vom Lebensraum der Ostsee, beginnend mit der Morphologie des Meeresbodens und den hydrographischen Eigenheiten. Der Verfasser geht dann auf die physiologische Wirkung der Ostsee als Brackwassermeer ein, schildert die Temperaturprobleme und die Lebensgemeinschaft des Planktons. Der Lebensgemeinschaft der Ostseeküste, des Meeresbodens und der Haffe wird breiter Raum in dem Buch eingeräumt. GESSNER legt diesen Zusammenstellungen umfangreiche eigene Untersuchungen besonders in den mecklenburgischen und rügenschen Boddengewässern zugrunde. Abschließend wird auf die Verhältnisse in den schwedischen und finnischen Schären, die sich von denen der übrigen Ostsee unterscheiden, eingegangen.

Das vorliegende Werk schließt eine fühlbare Lücke in der Literatur, die besonders von den Forschern benachbarter naturwissenschaftlicher Fachgebiete empfunden wurde, denn die derzeitige Meeres- und Küstenforschung beschäftigt sich nun einmal mit komplexen Vorgängen, zu denen vor allem die Ozeanographie, Geologie, Meteorologie und die Biologie viel zum Verständnis sowie zur Klärung des Gesamtphänomens beitragen können. Das Buch „Meer und Strand" von GESSNER wird auf seine Art und Weise den Erwartungen der Meeres- und Küstenforschung gerecht. GROBA

Küstenschutz und Landgewinnung

„Wasser und Boden", Jahresbericht der Wasserwirtschaft, Schleswig-Holstein, 9. Jahrgang, 1957, 7—8, Seite 313 bis 314, Hamburg

Vor dem Nösselkoog auf der Insel Sylt wurde ein neuartiges, 920 m langes Ufer-Deckwerk angelegt. Es hat die Aufgabe, die Vorlandkante gegen Abbruch und das Vorland gegen Sandaufwurf von See her zu schützen.

Das MThw[1]) liegt hier bei NN + 1,00 m. Die Oberkante des Deckwerkes wurde bis zu einer Höhe von NN + 2,50 m ausgeführt und erhebt sich damit 1,50 m über MThw. Dadurch werden die bis zu dieser Höhe auflaufenden kleineren Sturmfluten abgewehrt.

Die Oberfläche des Deckwerkes ist mit einer Asphaltschicht überzogen. Die Krone wurde in voller Breite von einem Meter als Rauhstreifen aus Basaltsäulen mit Asphaltverguß ausgeführt.

[1]) Mittleres Tidehochwasser

Dieses neuartige Bauwerk, dessen besondere Vorzüge in der wallartigen Überhöhung bis NN + 2,50 m und der rauhen Scheitelausführung bestehen, hat in Wirkung und Haltbarkeit bisher alle Erwartungen erfüllt. VIEWEG

MEINCK, F., STOOF, H. & H. KOHLSCHÜTTER

Industrie-Abwässer

Gustav Fischer Verlag, Stuttgart 1956, II. Auflage, Preis 48,— DM, 527 S.

Die Belastung der deutschen Gewässer durch Abwässer läßt sich nach neuesten Untersuchungen zu rund 70% auf industrielle Abwässer zurückführen. Daraus geht eindeutig hervor, daß positive Auswirkungen auf den Zustand der Gewässer nur durch eine befriedigende Lösung des Abwässerproblems innerhalb der Industrie zu erreichen sind. Ein Haupthindernis bildet die Vielgestaltigkeit und der Wandel der industriellen Herstellungsprozesse, so daß an einer Stelle gewonnene Erfahrungen und Ergebnisse nicht ohne weiteres verallgemeinert werden können. Neue Industriezweige bringen stets neuartige Abwasserfragen mit sich.

Dem weiten Personenkreis, der sich mit den Problemen der Industrie-Abwässer zu beschäftigen hat, wird das Buch, in dem die letzten in- und ausländischen Forschungsergebnisse Berücksichtigung gefunden haben, ein unentbehrliches Hilfsmittel sein.

In den ersten zwei Kapiteln werden allgemeine Gesichtspunkte, wie Entstehung, Zusammensetzung, Eigenschaften der Abwässer, ihre Einwirkungen und Maßnahmen zu deren Verhütung, Einschränkung des Abwasseranfalls, Einleitung in öffentliche Gewässer, Versickerung in den Untergrund u. a. behandelt. Ein weiteres Kapitel beschäftigt sich mit technischen Daten für die Auswahl von Reinigungsanlagen. Im nachfolgenden Hauptabschnitt werden alle irgendwie vorkommenden gewerblichen Abwässer nach Herkunft sowie Zusammensetzung erläutert und technische Maßnahmen zur befriedigenden Lösung der jeweils entstehenden Probleme empfohlen. Die überaus straffe und übersichtliche Gliederung ist besonders in diesem Teil durch das Einfügen entsprechender Unterabschnitte offensichtlich. In den abschließenden drei Kapiteln wird auf die Vergiftung von Pflanzen und Lebewesen durch Abwasserbestandteile, auf Einwohnergleichwerte, auf den Verunreinigungsgrad und das Verdünnungsverhältnis gewerblicher Abwässer im Hinblick auf den Vorfluter eingegangen.

Aus der Fülle des hervorragenden Materials verdient im Hinblick auf die industrielle Perspektive in der DDR der Abschnitt über radioaktive Abwässer besondere Beachtung. Der Gradmesser zur Beurteilung der radioaktiven Abwässer ist allein die Art und Intensität der Strahlung. Bei der Aufarbeitung der Zerfallsprodukte des Urans ergeben sich Rückstände und konzentrierte Abwässer von teilweise erheblicher Radioaktivität, deren Behandlung nur unter wirksamer Abschirmung der Strahlung durchgeführt werden kann. Die besonderen Schwierigkeiten bei der Lösung dieser Abwasserfrage beruhen darauf, daß

1. Radioaktivität nicht vernichtet werden kann,
2. Radioisotope ein ihrer Stellung im periodischen System entsprechendes verschiedenartiges chemisches Verhalten zeigen und
3. die Konzentration (Gewichtsprozente) in den Abwässern sehr gering, die Strahlungsenergie dagegen beträchtlich sein kann.

Zur Lösung der Aufgabe werden Verdampfung sowie chemische und biologische Verfahren vorgeschlagen.

Das Buch ist mit zahlreichen erläuternden Zeichnungen und Skizzen ausgestattet und weist umfangreiche Literaturverzeichnisse am Ende jedes Kapitels auf, in denen in- und ausländische Veröffentlichungen bis 1955 enthalten sind.

WEDER

Erhan, A.

Die Bohreinrichtung Typ 5 D 400-150

Nachrichten der Handelskammer der Rumänischen Volksrepublik, 3. Jahrgang, Oktober 1957, Nr. 10 (34).

Verfasser berichtet über Einzelheiten der Bohranlage Typ 5 D 400-150, die eine moderne Konstruktion der rumänischen Bohrindustrie sein soll. Die Anlage ist für eine Teufe von 3200 m bei $4^1/_2''$ Gestänge ausgelegt und mit 5 Dieselmotoren des Typs V 2—300, insgesamt 1500 PS installiert.

Das Hebewerk, Typ TF 18, kann mit 4 Geschwindigkeiten bei einer Höchstlast von 18 t am Trommelseil gefahren werden, und ist mit mechanischen Kupplungen ausgerüstet. Sein Eigengewicht beträgt 17,5 t.

Der Drehtisch, Typ MR—22 hat einen lichten Durchlaß von 560 mm (22''), und ist für eine statische Belastung von 150 t und 320 U/min konstruiert. Das Antriebsritzel läuft in überdimensionalen Kugellagern. Die Schmierung erfolgt durch ein im Drehtisch untergebrachtes Ölbad, das eine Labyrinthdichtung zwischen Gehäuse und eigentlichem Tischkörper gegen das Eindringen von Wasser und Bohrschlamm schützt. Durch eine leicht zu handhabende Vorrichtung kann die Rotation des Tisches blockiert werden.

Eine verbesserte Drehtisch-Neukonstruktion für 520 mm ($20^1/_2''$) Durchlaß mit Kugelradgetriebe und Schrägverzahnung befindet sich bereits im Probelauf.

Der Spülkopf, Typ CH 200, ist für eine Höchstbelastung von 200 t bei 100 U/min. (Höchstdrehzahl 150 U/min.) und 1,8 t Eigengewicht zugelassen. Auf die Spindel ist für das Kelly ein $6^5/_8''$ Linksverbindergewinde angeschnitten, und die Spülschlauchkupplung am Degenrohr hat einen lichten Durchmesser von $3^1/_2''$, Hauptaxiallager und Radialführungslager laufen in einem gemeinsamen Ölbad. Die Außenflächen des Degenrohres sind einer besonderen Wärmebehandlung unterzogen worden, und die Abdichtung ist mittels Spezialdichtungen vorgenommen. Dieses gewährleistet einen einwandfreien dauerhaften Betrieb.

Ein neukonstruierter Spülkopf für 200 t Last bei 350 U/min befindet sich ebenfalls im Probelauf.

Der Triplex-Förderhaken, Typ CF 150, besteht aus mehreren legierten Stahlplatten und hat dadurch erhöhte Sicherheit bei geringem Gewicht (1,9 t). Der Hakenzapfen ist in Axialkugellagern gelagert und kann durch eine Sperre an der Drehbewegung gehindert werden. Die eingebaute Hakenfeder hebt den Haken 150 mm hoch.

Die Triplex-Spülpumpe, Typ 3 P. N.—465 ist für Transmissionsantrieb eingerichtet, max. Kolbendurchmesser 185 mm ($7^1/_4''$) und minimalster Kolbendurchmesser 115 mm ($4^1/_2''$), Kolbenhub 305 mm (12''), höchster Arbeitsdruck 150 at. Bei größtem Kolben beträgt die Förderleistung 3042 l/min bei einem Druck von 60 at und 65 Hüben/min.; Maximalbetriebsleistung 465 PS, Eigengewicht 13,2 t.

Die Pumpe hat einen ruhigen stoßfreien Lauf. Der hydraulische Block ist aus 3 gleichen Stahlgußzylindern zusammengesetzt. Bei einer Saugstutzenöffnung von 250 mm (10'') und einem Druckstutzendurchmesser von 100 mm (14'') ist ein guter Spülungsumlauf gewährleistet.

Ventile und Ventilsitze aus legiertem Stahl gewährleisten eine lange Lebensdauer bei dichtem Verschluß. Die Kolben bestehen aus einem Eisenkern mit aufvulkanisierter Gummimanschette.

Sie zeichnen sich durch große Dauerhaftigkeit aus. Das Pumpengestell aus einer leichten, aber sehr starren Schweißkonstruktion ermöglicht eine gute Gewichtsverteilung und Lage der Pumpe. Die Zahnräder des Getriebes sind in Pfeilverzahnung angefertigt und bewirken einen geräuscharmen Lauf. Mittels Tauchschmierung aller im Ölbad laufenden Pumpenteile ist eine betriebssichere und ausreichende Schmierung möglich.

Der Prototyp einer Duplex-Spülpumpe mit einer Förderleistung von 3000 l/min und einem Arbeitsdruck von 100 at sowie einer Antriebsleistung von 820 PS wurde entworfen und in Ausführung gegeben.

Die Bohranlage soll gegenüber anderen, früher gebauten, durch ihre große Kraftreserve die Möglichkeit des Parallelantriebs von 2 Spülpumpen besitzen. Sie ist so in der Lage, unter erschwerten Betriebsbedingungen und auch mit Turbinen zu bohren. Die erhöhte Manipulationsgeschwindigkeit und hochgradige Mechanisierung der Steuervorgänge durch Anwendung pneumatischer Balgenkupplungen bei den Zwischenvorgelegen wird besonders hervorgehoben.

Leider hat Verfasser nicht so ausführliche Angaben gemacht, daß sie dem interessierten Fachmann eine restlose und befriedigende Beurteilung der Bohranlage in technischer und vor allem wirtschaftlicher Hinsicht ermöglichen. Wenn auch in der Beschreibung nicht zum Ausdruck kommt, ob die Bohreinrichtung nach den modernsten international gültigen Gesichtspunkten konstruiert und ausgerüstet ist, so ist doch anzunehmen, daß es sich um ein Bohrgerät handelt, das allen Anforderungen auf Grund gemachter Bohrfelderfahrungen gerecht wird. HOPPE

Nachrichten und Informationen

Tsaidam-Becken — ein chinesisches Baku

Das „Neue Deutschland" veröffentlicht in Nr. 252 vom 24. Oktober 1957 einen Artikel seines kürzlich verstorbenen Pekinger Mitarbeiters M. DOERING. Diesem Beitrag entnehmen wir die folgenden Angaben über die Perspektiven des Tsaidam-Beckens:

„Im Nordwesten der Volksrepublik China wurde ein abseits gelegenes Gebiet aus jahrtausendelangem Schlaf geweckt... Was den Menschen zu dieser von den Hochgebirgsketten des mittleren Kun-lun umschlossenen, 2600—2900 m hoch gelegenen muldenförmigen Ödlandschaft von mehr als der doppelten Größe der DDR hingezogen hat, ist der Mineralreichtum des Bodens. Allein die Erdölvorkommen lassen sich mit dem größten sowjetischen Erdölrevier Baku vergleichen. In der weiten Senke, auf die das ganze Jahr hindurch kaum ein Tropfen Regen fällt, wird zur Zeit an vielen Stellen geschürft. Ein planmäßiger Abbau der mannigfachen Bodenschätze ist jedoch wegen der noch vorhandenen Transportschwierigkeiten erst während des dritten Planjahrfünfts, also nach 1962, vorgesehen.

Bis 1954 lagen die Bodenschätze völlig unberührt und unerforscht. Seitdem sind 45 Ölbohrungen fündig geworden. Die Ölvorkommen im Tsaidam-Becken sind ebenso reichhaltig wie ausgedehnt. Unter mehreren tausend Quadratkilometern Boden konnte Erdöl einwandfrei nachgewiesen werden. Besonders eingehend durchforschte man die westliche Hälfte des Beckens, wo man schon in 300—400 m Tiefe Öl fand und beim tieferen Bohren auf weitere Vorkommen stieß. Auch im Osten, in Richtung auf den Kukunor-See, und in der Mitte der Senke wurden an 98 Stellen Öllager entdeckt. Die erwähnten 45 Bohrungen und alle weiteren, die noch bis 1962 durchgeführt werden, bleiben bis zum Beginn der eigentlichen Förderung verschlossen. Nur geringe Mengen Erdöl aus den Versuchsbohrungen werden in einer kleinen Raffinerie im Nordwesten der Wüste zur örtlichen Verwendung verarbeitet.

Unter der Erdoberfläche dieses Gebietes harren aber noch mehrere Rohstofflager der schon vorbereiteten Förderung, u. a. lagern dort Salz, Blei, Kohle, Borax, Eisen- und Zinkerz, Asbest, Silber und Gold. Auf dem 1550 km² großen Tsarhan-See, der einen Vorrat von 25 Mrd. t 90%igen Kochsalzes mit sehr vorteilhaften Förderbedingungen birgt, stößt man auf eine 8—15 m dicke Salzschicht. Bei starkem Frost erstarren die dickflüssigen Salzmassen, so daß man den See bequem zu Fuß überschreiten kann.

Die schon seit fast hundert Jahren bekannten, aber erst jetzt erschlossenen Bleierzvorkommen in der Wüste zählen zu den größten Volkschinas. An verschiedenen Stellen findet man in geringer Tiefe Kohle von guter Qualität. Gegenwärtig werden drei reiche Steinkohlenlagerstätten ausgebeutet, davon eine im Tagebau. Borax, ein für die Schwerindustrie, die Glas- und Porzellanhütten sowie für viele andere Zwecke unentbehrliches Material, kommt ebenfalls an verschiedenen Stellen vor. Einige kapitalistische Länder glaubten bisher, sie verfügten über ein Borax-Monopol. Die chinesischen Geologen entdeckten jedoch hier in der Wüste umfangreiche Lager, von denen sich ein einziges auf 35 km Länge und 2 km Breite ausdehnt. Sein Abbau ist in Vorbereitung. Einige Seen enthalten Boraxlauge...

Während sich vor der Entdeckung dieser umfangreichen Bodenschätze, bis vor drei Jahren, nur tibetanische oder mongolische Nomaden mit ihren Viehherden an den Rändern dieses Gebiets aufhielten, arbeiten hier seit einiger Zeit 60000 Menschen, außer den Geologen, Ingenieuren und Arbeitern an den Versuchsbohrtürmen, den Angestellten der Verwaltung und Versorgung noch über 40000 Straßen- und Städtebauer. Als Verwaltungszentrum entstand 400 km westlich vom Kukunor-See, dem größten chinesischen Salzsee — seine Größe entspricht etwa der des Saargebiets — die Stadt Tatsaidam mit vielen kulturellen und sozialen Einrichtungen.

In Manschia, weitere 350 km westlich, inmitten der bedeutendsten Ölfelder, wurden bereits 10000 Menschen angesiedelt. Geplant ist ferner der Bau einer Eisenbahnlinie, die von Lantschou über Sining nach der Tsaidam-Senke und weiter bis zur tibetischen Hauptstadt Lhasa führen wird.

Innerhalb von drei Jahren wurde ein Straßennetz von insgesamt 3500 km Länge angelegt. Damit wurden die Voraussetzungen geschaffen, die es den Geologen und Bohrarbeitern ermöglichten, unter den härtesten klimatischen und ungünstigsten geographischen Bedingungen ihre Arbeit aufzunehmen. Zu den meisten Stellen des neu erschlossenen Ölgebiets, wo zur Zeit viele Arbeiter, Geologen, Ingenieure und Verwaltungsangestellte tätig sind, muß vorläufig noch jeder Tropfen Wasser in Tankwagen herangeschafft werden... In den kommenden Jahren wird sich das Tsaidam-Becken zu einem der größten Industriebezirke der Volksrepublik China entwickeln."

Hoffnungen auf türkisches Erdöl

machen sich gegenwärtig 15 kapitalistische Erdölunternehmen, darunter die „Deutsche Erdöl A.G., Hamburg", die in verschiedenen Teilen des Landes Konzessionen erworben haben.

Bisher stand die Türkei, die nicht über genügend eigene Mittel für eine großzügige Erkundung verfügt, den monopolistischen Erdölgesellschaften ablehnend gegenüber, weil erfahrungsgemäß mit dem Geld wirtschaftliche und politische Abhängigkeit ins Land kommen. Inzwischen aber haben die Politiker durch die Bindung der Türkei an die NATO den Monopolen freien Eintritt verschafft.

Die Ölhoffnungen gründen sich auf eine ganze Reihe von oberflächlichen Öl- und Gasanzeichen sowie Asphaltvorkommen, die mit günstigen stratigraphisch-tektonischen Verhältnissen verknüpft sind. Seit einiger Zeit sind auch bereits zwei Felder, Raman und Garzan, im SE der Türkei, am Oberlauf des Tigris, in Produktion. Aus ihnen wurden 1956 rd. 300000 t gefördert.

Die Raman-Antiklinale liegt im Bereich der hier ESE-streichenden anatolischen Randfalten, die dem arabischen Schelf nördlich vorgelagert sind, etwa nordwestlich der irakischen Ölfelder bei Kerkuk. Sl.

Die mineralischen Rohstoffe Togos

1927 wurden im Hinterland von Anécho, unweit der Küste des Atlantik, Phosphatvorkommen entdeckt. Eine eingehende Erforschung der Lagerstätten fand erst 1952 statt. Es wurde, da die Erkundungen gute Erfolge ergaben, ein kleiner Versuchsbetrieb eingerichtet. Mit der Aufnahme der regelmäßigen Förderung rechnet man für Ende 1959 oder Anfang 1960. Es ist beabsichtigt, dann 500000 jato zu fördern.

Chromite sind vom Berg Ahito, etwa 30 km westlich von Chra, bekannt. Erste Förderungsversuche wurden unternommen.

Bauxite vom Agou-Berg beabsichtigt man zu dem im Aufbau begriffenen Aluminiumwerk nach Edéa in Kamerun zu transportieren, da die Vorräte nur verhältnismäßig gering sind.

Rutil hat man in beträchtlicher Ausdehnung in der Umgegend von Sokodé und Lama-Kara gefunden.

Eisenerze treten an zahlreichen Orten, vorwiegend bei Bangeli (unweit Bassari), bei Yégué in Adélé und bei Borgou (unweit Dapango) auf.

Anzeichen von Manganerzen liegen von Basadagebi bei Pagala in Adélé und im Graphitschiefer vom Steilrand Akposso zwischen Atakpamé und Palimé vor.

Nach: „Marchès Tropicaux du Monde", Paris, Nr. 611 v. 27. Juli 1957, S. 1821—25. E.

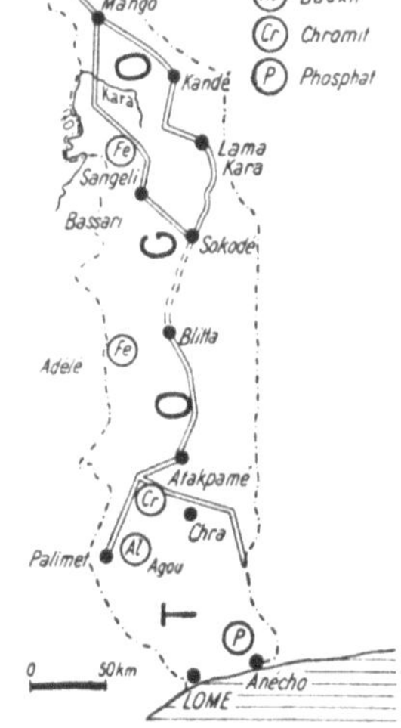

Eisenerze, Chromerze, Bauxite und Phosphate in Togo

Investitionskosten des westdeutschen Braunkohlenbergbaus

Im westdeutschen Braunkohlenbergbau werden mit dem Fortschreiten des Tieftagebaus auch weitere Investitionen notwendig. Nach Berechnungen der „Wirtschaftsvereinigung Bergbau" belaufen sich die Investitionskosten je Tonne Rohbraunkohle für die neuen Tieftagebaue auf etwa 35,— DM gegenüber nur 3,50 DM im Jahre 1938. Hierbei ist zu berücksichtigen, daß der rheinische Braunkohlenbergbau 80% seiner Kapazität wegen des Auslaufens der flachen Tagebaue erneuern muß. Für die Zukunft muß — nach Meinung der Wirtschaftsvereinigung — die Kapazität des Braunkohlenbergbaus um mindestens 50% gesteigert werden, um den weiteren Anforderungen der Energiewirtschaft zu genügen.
E.

Eisenerz aus der Niederlausitz

Die Weiterverwendung der Verbrennungsrückstände, besonders der Lausitzer Braunkohlen, rückt immer mehr in den Vordergrund. (Vgl. „Eisen schlummert in Abfällen", W. HENNIES, Zt. „Die Wirtschaft" Nr. 44, 31. 10. 57.) Jahrelange Untersuchungen haben nunmehr die Tagebaue ermittelt, die den besten Rohstoff für wiedereinsatzfähige Schlacken liefern. Das in der Kohle feinverteilte Eisen reichert sich in den Verbrennungsrückständen bis zu etwa 23% an, wobei die Rückstände gleichzeitig durch den hohen Kalkgehalt als „basisches Erz" angesprochen werden können. Diese bisher noch recht wenig genutzten Rohstoffe dürften in Zukunft eine steigende Bedeutung erlangen; sind doch allein in den letzten Jahren etwa 250000 Tonnen Kessel- und Generatorenschlacken den Hoch- und Niederschachtöfen unserer Republik zugeführt worden.

Daneben laufen Versuche, die vor allem in den Lausitzer Grubenabwässern enthaltenen beträchtlichen Mengen Eisen, die durch Kalkzuschläge als Eisenhydroxydschlämme ausgefällt werden, als Material für Gasreinigungsmassen zu gewinnen.
hc

Nickelversorgung der Bundesrepublik

In der Bundesrepublik gibt es keine abbaufähigen Nickelerzlagerstätten. Die westdeutsche Wirtschaft ist daher in der Auswertung und Ausnutzung von Nickel erheblich gegenüber den übrigen westeuropäischen Ländern zurückgeblieben. Die „Vereinigten Wirtschaftsdienste — Montan" vom 20. 12. 1957 berichten u. a. hierüber:

„Gerade im Bundesgebiet gibt es Bereiche, in denen die Verwendung von Nickel im Gegensatz zu anderen westlichen Ländern noch weitgehend unbekannt ist. So werden die niedrig legierten Baustähle in der Bundesrepublik zum großen Teil noch auf Chrom-Mangan-Basis hergestellt, während im Ausland vor allem im Automobilbau weitaus stärker Chrom-Nickelstähle mit einem Ni-Gehalt von 1,5 bis 2% verwandt werden. Noch günstiger liegen die Aussichten für Nickel bei nichtrostendem Stahl, der bei uns zu einem beachtlichen Teil nickelfrei auf Chrombasis erzeugt wird.

Dabei hat der nickelhaltige Stahl mit 18% Cr und 8% Ni wesentliche Vorteile hinsichtlich der besseren Verformbarkeit und spielt im Ausland bei der Herstellung von Haushaltartikeln sowie als Bauelement bei Eisenbahnwaggons und in der Architektur eine weitaus größere Rolle als bei uns. Daneben bevorzugt auch die Nahrungsmittelindustrie mehr und mehr nur noch Verpackungs- und Abfüllmaschinen aus rostfreiem Stahl. Auch die in der Bundesrepublik noch weitgehend unbekannte Nickelverwendung im Gußeisen und die noch in den Anfängen befindliche Herstellung von hitzebeständigen, warmfesten Legierungen z. B. für den Gasturbinenbau, wo die Turbinenschaufeln in den USA und Großbritannien aus Nickellegierungen mit einem Ni-Gehalt von 80% hergestellt werden, dürften nach Ansicht von Fachkreisen im Laufe der Zeit auch in der Bundesrepublik stärker Eingang finden. Ähnliches gilt für den Nickelverbrauch in der Elektronikindustrie, vor allem im Meßgerätebau, sowie für die chemische Industrie, die beim Bau neuer automatisierter Anlagen immer stärker auf korrosionsbeständige Werkstoffe zurückgreift und damit einen bedeutenden Nickelbedarf entwickelt. Gute Aussichten eröffnen sich vor allem für die Nickelverarbeiter im NE-Metallbereich.

Der westdeutsche Nickelverbrauch, der für 1957 auf etwa 16000 t (einschließlich Nickel im Schrott) veranschlagt wird — allein rd. 9000 t benötigt voraussichtlich die Stahlindustrie —, dürfte daher in den nächsten Jahren weit stärkere Zuwachsraten zeigen als in den letzten 3 Jahren."

Der Preis für 1 kg Nickel lag im II. Quartal 1957 in der Bundesrepublik zwischen 13,— und 17,— DM, er war Ende des Jahres auf 10,— bis 11,— DM zurückgegangen.

Am Ende des laufenden Fünfjahrplanes wird in der DDR der Betrieb auf den bedeutenden Nickelerzlagerstätten im Kreise Glauchau begonnen werden. Die Produktion der im Bau befindlichen Nickelhütte bei St. Egidien wird so bedeutend sein, daß größere Exporte von Nickel möglich sein werden. Es dürfte sich in der Zukunft hieraus gerade auf dem Gebiet der Nickelversorgung eine enge Zusammenarbeit zwischen den beiden deutschen Teilstaaten sehr fruchtbar auswirken können.
E

Quecksilber

Quecksilber stellte früher in der Form von Knallquecksilber einen wichtigen Rohstoff für die Kriegsführung dar. Zur Zeit ist es zum großen Teil durch das wesentlich billigere Bleiazid abgelöst worden. Es fällt auf, daß trotzdem die USA weiterhin in erheblicher Menge Quecksilber einführen, und man nimmt an, daß man ein neues Anwendungsgebiet auf dem Gebiet der Kernspaltung und Erzeugung atomarer Energie gefunden hat. Hierzu bemerkt die „Deutsche Zeitung und Wirtschaftszeitung" Nr. 103 vom 28. 12. 1957:

„Die immer deutlicher in Erscheinung tretende Umrüstung auf Raketenwaffen mit Atomsprengköpfen würde das Bild eines künftigen Krieges wahrscheinlich derart verändern, daß die Hortung der bisher benötigten Metalle sinnlos geworden ist, eine Tatsache, die sich in zunehmendem Maße in der jüngsten Entwicklung der Welt-Metallmärkte, besonders bei Kupfer, Blei, Zink und Zinn, ja sogar bei Aluminium widerspiegelt. Die USA müssen also andere Gründe für die seit Jahren betriebene Hortung auch von Quecksilber gehabt haben und noch haben. Man geht wohl nicht fehl, wenn man annimmt, daß sie auf dem Gebiet der Kernspaltung und der Erzeugung atomarer Energie liegen. Bereits 1936 sind in einigen Kraftwerken der USA 10000 Flaschen Quecksilber in Boilern zum Antrieb von Turbinen verwandt und damit wesentliche Einsparungen an Brennstoff erzielt worden."

Die Zeitschrift gibt folgende Übersicht über die Welt-Quecksilbererzeugung:

Welt-Quecksilbererzeugung
(in Flaschen zu 34,5 kg)

Jahr	Spanien	Italien	USA	Mexiko	Jugoslawien	Welt
1945	40 089	40 000	30 763	16 995	?	131 000
1951	44 480	53 839	7 293	8 074	14 649	147 000
1953	41 500	51 373	14 337	11 634	14 272	160 000
1955	36 203	53 500	1 880	2 956	14 580	196 000
1956	40 579	61 800	23 800	19 510	13 217	190 000

Der Preis für die Flasche Quecksilber hatte am Ende des zweiten Weltkrieges fast 200,— Dollar erreicht. Die Preissteigerung setzte sich weiter fort und erreichte ihren Höhepunkt im Oktober 1954 mit 329,— Dollar für die Flasche. Gegen Ende des Jahres 1957 lag er zwischen 225,— und 230,— Dollar je Flasche.
E.

Ausnutzung der Erdwärme in Neuseeland

Auf der Nordinsel Neuseelands ist der Bau des Kraftwerkes von *Wairakei* nahe dem Taupo-See geplant, eines der ersten *geothermalen Kraftwerke*, die in Zukunft für Neuseeland wahrscheinlich größere Bedeutung erlangen werden. *Solch eine Anlage nutzt natürliche, unter Druck stehende, heiße Erddämpfe, die man entweder Bohrlöchern entnimmt,* die jedoch auch auf der vom Vulkanismus beherrschten Nordinsel häufig in natürlicher Form (Geysire) der Erdrinde entweichen. (Hierüber siehe auch Heft 8/9, Jahrg. 1957, S. 440.) Die Anfangskapazität dieses ersten, ab 1958 arbeitenden Erddampfkraftwerkes soll 120000 kW betragen, kann aber mit geringem Kostenaufwand (weniger als die Hälfte je Krafteinheit eines Kraftwerkes auf Kohlenbasis) auf 252000 kW erhöht werden. Erweist sich die Anlage als erfolgreich, so wird das Projekt eines zweiten Kraftwerkes bei Wairakei erwogen, das ab 1962 eine Erweiterung um 82400 kW bringen wird.

LÜTHEN

FSC
www.fsc.org
MIX
Papier | Fördert
gute Waldnutzung
FSC® C083411

Kolibri 360 GmbH
Ferdinand-Jühlke-Straße 7
99095 Erfurt, Deutschland
produktsicherheit@kolibri360.de